杭州市高层次人才特殊支持计划

2022 年浙江省中华职业教育科研项目：新时代高职院校工匠精神培育效果评价机制研究（项目编号：ZJCV2022A08）

浙江文化研究工程重大项目"浙江工匠精神研究"之重点课题：浙江青瓷工匠与工匠精神研究（课题编号：21WH70077-2Z）

中国工匠精神的理论探索与培育

韩 丹 王 飞 杨乐克 著

九 州 出 版 社

JIUZHOUPRESS

图书在版编目（CIP）数据

中国工匠精神的理论探索与培育 / 韩丹，王飞，杨
乐克著 . -- 北京：九州出版社，2024.6. -- ISBN 978-
7-5225-3122-9

Ⅰ . B822.9

中国国家版本馆 CIP 数据核字第 2024WB4979 号

中国工匠精神的理论探索与培育

作　者	韩　丹　王　飞　杨乐克　著
责任编辑	云岩涛
出版发行	九州出版社
地　址	北京市西城区阜外大街甲 35 号（100037）
发行电话	(010)68992190/3/5/6
网　址	www.jiuzhoupress.com
印　刷	河北万卷印刷有限公司
开　本	710 毫米 ×1000 毫米　　16 开
印　张	14.75
字　数	246 千字
版　次	2024 年 6 月第 1 版
印　次	2024 年 6 月第 1 次印刷
书　号	ISBN 978-7-5225-3122-9
定　价	88.00 元

前　言

　　工匠精神源于中国深厚的文化传统和历史积淀，丰富并发展于改革开放以来的实践磨砺。它不仅包括专注于工艺、追求精湛的精神，也包括坚守原则、精益求精、勇于创新、服务社会的精神。在知识经济时代，如何理解和传承这种精神，对整个社会来说都有着重要的意义。新时代需要具有良好职业素养和工匠精神的劳动者队伍，因此，必须重视新时代高素质应用型人才的培养。高素质应用型人才，不仅要具备扎实的专业本领，还要具备良好的职业道德与较高的综合素质。对于大学生来说，要想转变为一名真正合格的职业工人，不能只关注技能学习与训练，还要具备远大的职业理想、高尚的职业道德、端正的工作态度，并且要遵守严谨的职业规范。

　　在信息化时代，工匠精神被一些人认为已过时，然而，当回顾历史并深入探讨这个概念时，可以发现工匠精神仍然具有巨大的价值。工匠精神是人类社会文明进步的重要驱动力，它所蕴含的精神内核和价值追求为新时代提供了宝贵的思考视角和实践路径。为此，本书从中国工匠精神的理论探索与培育出发，力求为我国应用型人才培养以及工匠精神的传承发展做出贡献。工匠精神的理论探索与培育对我国新时代的高职教育，尤其是应用型人才的培养具有重大的理论和实践价值。中国经济已从高速增长阶段转向高质量发展阶段，这种转变给教育理念、教育模式以及人才培养方式都带来了前所未有的挑战。在这种情况下，工匠精神的精神内核与价值取向为培养新时代应用型人才提供了重要参考。

　　大学生是社会的未来和希望，他们的成长路径、思维方式和行为举止都影响着未来的社会发展。如何培养大学生树立工匠精神，不仅需要教育者对工匠精神有深入的理解和把握，更需要一套科学、系统的教育方案。本书通过对工匠精神的深入探索和大学生工匠精神培育的理论与实践研究，希望可以探寻出一条立足高校应用型人才培养的工匠精神传承与创新之路。

本书详细介绍了工匠精神的内涵、形式与发展，以及其与立德树人和应用型人才培养的关系。从中华民族深厚的文化传统和历史积淀中探寻工匠精神的根源，探讨其在改革开放以来的演变，以及在当下社会中的应用和价值。同时，本书还从宏观视角分析了高职院校大学生工匠精神培育的背景，以及面临的机遇与挑战，并进一步阐述了大学生工匠精神培育的理论基础。工匠精神的形成并非一蹴而就，需要在长期的实践中逐渐培育。因此，本书从理论与实践相结合的角度出发，对高职院校大学生工匠精神的培育路径进行了深入研究，旨在为高职教育工作者提供理论参考和实践指导。本书关注的不仅仅是培育工匠精神的过程，还包括工匠精神如何在社会实践中发挥其应有的作用，如何影响并推动社会的进步等。更进一步地，本书深入探讨了如何构建工匠精神培育效果的评价体系，以及如何健全大学生工匠精神培育的保障体系，以期为工匠精神的培育提供更为坚实的支撑。不同于过去对工匠精神的传统理解，本书提出，在新时代背景下，工匠精神的培育应与现代技术，尤其是网络信息技术相结合，使之成为推动我国社会主义现代化建设的强大动力。此外，本书还探讨了如何将工匠精神与思政教育相结合，以培育新时代具有社会责任感、创新精神和技术能力的高素质人才。

鉴于著者水平有限，书中难免存在一些不足，敬请各位同行及专家学者予以斧正。

目　录

第一章　工匠精神概述

第一节　工匠精神的内涵

一、工匠精神的概念

在我国，"工匠"一词最早出现在春秋战国时期，即在社会分工中开始存在专门从事手工业的群体后才出现的。当时，工匠主要指从事木匠的群体，伟大的思想家老子和孟子将技艺卓绝的手艺人称为"大匠"。随着历史的发展，在东汉时期，"工匠"一词的含义已经基本覆盖全体手工业者。在中华民族 5000 多年的历史进程中，正是一代又一代工匠孜孜不倦地追求"技道合一"，把对技艺的精钻、对作品的虔敬、对人情的体察、对自然的敬畏，以匠心之巧思，倾注于制作过程，才创造出了绚烂辉煌的中国古代科技文明。

工匠精神历经历史沧桑却从未消失。过去，工匠精神专指手工业者对自己的产品精益求精的精神，而在现代社会中，工匠精神的概念得到进一步升华。所谓工匠精神，指的是社会、组织和个人所倡导的，通过敬业、专注、坚持、精益求精和创新，对产品或服务精雕细琢，追求完美和极致的精神。具体表现为在实践中不断追求完美与卓越，并通过持续不断地改进自己的工艺和创新，打造同行无法匹敌的卓越的产品或服务。

从历史发展来看，在手工业时代，由于生产规模小，生产过程相对简单，工匠有充足的时间对自己的产品反复打磨，以达到完美的程度。工业化时代与手工业时代相比，有了一些不同：第一，工业生产的典型特征就是标准化和通用化，每一个零件都是标准化的，可以互换；第二，在工业生产中，一个工人只需要负责一道工序，而在传统的手工生产中每个工匠要负责整个生产过程。因此，工业化时代更强调工人对标准和规范的遵守。在信息化时代，质低价廉、千篇一律的产品越来越不受欢迎，随着互联网技术的发展，满足消费者个性化需求的定制服务成为可能，这一变化不仅包含对原有生产质量和标准的坚持，同时包含为满足个性化需求而进行的产品创新。

工匠精神是社会文明进步的重要标志，并映射出长期社会实践发展所形成的人类社会的普遍价值观。工匠作为职业群体的代表，其工作就是不断对作品进行细致的塑造与修缮，以及对工艺流程不断改进和提升，从而达到完美。工匠特别重视对细节的把控，他们追求工艺和产品的完美和极致，坚持以最高的质量标准打造优秀的产品。这种对卓越的追求和创新的探索，构成了人们现在所推崇的工匠精神。工匠精神是一种随着时代文明进步而生长并与时俱进的技术、实践和道德追求的精神体现，与社会经济发展紧密相关。工匠精神是在劳动精神基础上的跃升，是从爱干、苦干、实干到乐干、细干、巧干的跨越。因而，工匠精神既体现了敬业之美的精神原色，又表现了创造之美的品质追求，更展现了追求之美的价值升华。工匠精神不仅是广大技术工人心无旁骛钻研技能的专业素养，更是大国工匠群体特有的精神品质。工匠精神充分体现了工匠对工作和职业的态度和价值取向，内在包含了"执着专注、精益求精、一丝不苟、追求卓越"的精神品质。

二、工匠精神的内容构成

（一）爱岗敬业

爱岗敬业是工匠精神最基本的内容构成，指的是人们全身心投入工作，对自己的职业有着深深的敬意和热爱。爱岗要求从业者对社会责任有深刻的认识，愿意以更高的标准要求自己，以更大的热情投入工作，以更强的责任感扮演好自己的社会角色。敬业是对从业者的基本要求，是工匠精神在当今时代最基本的构成要素之一。敬业是从业者基于对职业的敬畏和热爱而产生的一种全身心投入的职业精神状态。中华民族历来有"敬业乐群""忠于职守"的传统，敬业是中国人的传统美德，也是当今社会主义核心价值观的基本要求之一。

爱岗敬业是一个朴素而意义深远的词，是对职业敬畏和热爱的具体表达，更是对个体精神境界的一种升华。这种职业精神基于个体内心深处对工作岗位的热爱和尊重，对社会责任的认知和追求，以及对个人价值的坚持和实现。在这个快速发展和变化的社会中，爱岗敬业不仅是对从业者的基本要求，更是对社会主义核心价值观的回应和实践。社会主义核心价值观倡导人们尊重劳动、尊重知识、尊重人才、尊重创造，其中，对劳动的尊重就体现在对工作的热爱和对职责的敬畏上，这正是爱岗敬业的内涵所在。

爱岗敬业是工匠精神在生产实践中的一种表现。在每一个产业领域，无论是前沿科技，还是传统行业，都需要这样一群人，他们对自己的工作充满热情，对技术有着深入的理解和掌握，对创新有着无尽的追求。他们用自己的知识和技能，服务社会，推动产业发展，推进社会进步。他们热爱自己的岗位，尊重自己的职业，他们在平凡的岗位上，展现出不平凡的精神风貌。这群人就是人们所称的"工匠"，他们的工作态度和精神状态就是爱岗敬业的生动体现。

无论在哪一个行业、哪一个岗位，只要人们全身心投入，敬业乐群，就能感受到工作带给自己的满足感和成就感，就能为社会创造更多的价值，就能在自我实现的过程中，实现对社会的贡献。这就是爱岗敬业的真谛，也是工匠精神的内容构成。这不仅是一种职业精神，也是一种人生态度，更是一种文明进步的标志。

（二）精益求精

精益求精是工匠精神的职业操守。所谓精益求精，指在已经很好的基础上追求更好，这是一种严格要求自己、不断追求极致的精神。精益求精不但体现在对产品的精益求精上，还体现在对整个制作过程的精益求精上。工匠之所以能够不断精进技艺，提升产品质量，靠的就是精益求精精神的加持。精益求精是一种职业态度，更是一种精神追求，深入从业者的日常工作之中，体现在从业者在细微处寻找改进机会上。这种精神不仅体现在制造业中，教育、医疗及服务业都需要这种精神。无论在哪个行业，从业者都需要对工作有深厚的热爱和敬畏，对细节有严谨的追求，对质量有严格的要求，这样才能做出最好的产品，提供最好的服务。

精益求精是一种社会责任。每个从业者都是社会的一分子，其以工作为代表的生产实践直接影响社会的运行和发展。因此，他们需要对自己的社会责任有深刻的认识，对自己的工作有高标准的要求，只有这样，才能对社会做出更大的贡献，这种追求卓越的精神就是工匠精神的体现。工匠用自己的知识和技能，为社会创造了无数的物质财富和宝贵的精神财富，他们在平凡的岗位上，展现出了不平凡的精神风貌，因此，他们的工作态度和职业精神，成为人们学习和借鉴的榜样。

精益求精的重要体现就是对卓越的追求。所谓卓越，即卓尔不凡、出类拔萃。工匠并不满足于一般的工艺制造和产品制作，而是不断追求完美，从简单、单调的劳动中取得突破，实现"千万锤成一器"的理想目标。这种始终坚持最高标准、最严要求，不断寻求突破和创新的精神，就是工匠不断追求卓越的精神。由此可见，工匠精神不仅是一种工作态度，还是一种思想境界。只有在工作上练技、在思想上修心，并把两者有机融合，才能成为优秀的大国工匠，才能不断实现卓越、成就梦想。

工匠精神告诉人们，无论在哪个岗位，无论做什么工作，都应该全身心投入，高标准、严要求地推进工作，只有这样，才能在工作中体验到乐趣，才能在工作中找到满足，才能在工作中实现自我价值。在信息化、知识化的时代背景下，社会竞争日趋激烈，社会需求越来越多元化，这就需要人们大力弘扬工匠精神，在产品质量、性能上下硬功夫、苦功夫、实功夫；奉行"不求最好，但求更好"的人生信条，尽心尽力，尽善尽美，精雕细刻，精益求精，不断提升产品质量和人生境界。

（三）执着专注

执着专注是工匠精神的坚实基础。在古代，执着专注主要体现为"择一事终一生""几十年如一日"的执着精神和"如切如磋，如琢如磨"的专注精神。在古代，"专一坚守"在很大程度上是一种外界的要求，同时是一种对工作、事业的态度。古代工匠劳作的特殊之处在于，它需要一定的经验性知识和操作技巧，而这种经验性知识、操作技巧，需要在长期的实践中才能获得，尤其是在制作条件极其简陋的早期社会，因此特别需要有专注和执着精神做保障。执着专注就是内心笃定，并着眼于细节的耐心、执着和坚持，这是工匠必须具备的精神特质。

工匠精神是对极致的追求，是以一颗敬业之心，投身于自己所从事的事业。专注执着的工匠精神，促使人们在极其琐碎的细节中找到了意义，找到了力量，找到了追求；帮助人们一次次克服困难，一次次超越自我，一次次挑战极限。缺乏持之以恒的勤学苦练，缺乏毕生专攻一技的执着专注，就无法掌握精湛的技艺，更无法实现技术的创新。工匠干一行、爱一行、专一行、精一行，耐得住寂寞，稳得住心神，坐得住冷板凳，不怕苦，不怕累，不怕脏，永不服输，永不气馁。这种精神，就是执着专注精神。

执着专注精神不仅是一种工作态度，也是一种生活态度。它是对生活的热爱，对工作的热情，对美的追求。专注执着的工匠，在琐碎的细节中找到了生活的乐趣、工作的价值。他们在平凡的岗位上，展现出了不平凡的才华。他们的专注、执着、勤奋、坚忍，为人们提供了学习的榜样。在现代快速变化的社会中，人们更需要这种执着专注的工匠精神。只有具备这种精神，人们才能在日复一日的工作中找到价值；才能在快速发展的社会中保持竞争力；才能在困难面前不屈不挠；才能在挑战面前勇往直前。在信息化时代，虽然很多工艺流程被机器、电脑取代，但工匠这种执着专注的精神并没有过时。今天大力弘扬的不是工匠的具体操作技巧，而是其内在的精神实质，即对热爱的事物的执着专注精神。这种精神是成就一番事业、实现伟大梦想的坚实基础和强大保障。

执着专注的工匠精神让人们明白，每一个细节都有其意义，每一次努力都有其价值。每一个人都可以成为一名工匠，只要有着对工作的热爱、对细节的追求、对质量的要求；只要全身心投入，执着专注，就能在平凡中找到不平凡、在琐碎中找到宏大。

（四）勇于创新

工匠精神还包含勇于突破、敢于变革的创新意识。古往今来，科技进步离不开工匠的创新精神，如中国古代的四大发明；工业革命时代的蒸汽机、灯泡、飞机等。在创新力量的推动下，社会发生了翻天覆地的变化。在科技水平日益提高和全球化进程不断推进的今天，自主创新能力直接影响着一个国家未来的发展。创新是一种重要的创造性实践，也是个体实现自我价值、创造更多社会价值的重要途径。

工匠精神的创新是对工作的热爱与执着，这种执着源于对技术的无尽追求和对未知的勇敢挑战。工匠热爱他们的工作，并将其视为生命的一部分。他们永远不满足于现状，而是在每一个细微之处寻找提高的可能。他们的勇气和决心，使他们在面对技术挑战时无所畏惧，勇于尝试和冒险。这种对技术的极度热爱和对创新的无畏追求，使他们在技术的道路上永不止步，始终保持着对未知领域的探索精神。在对工艺的精雕细琢中，工匠也在不断探索新的可能。他们热衷于探索和实践，尝试从不同的角度、用不同的方法解决问题，而不是简单地遵循既定的规则。这种对工艺的不断探索，使他们始终处于创新的前沿，通过对每一个细节的把握，总能发现那些被忽视的潜在机会，从而创造出全新的产品。他们对质量的执着与追求，使他们在追求完美的过程中勇于创新，敢于超越、挑战、追求极致。他们的创新精神不仅体现在技术创新上，也体现在对工作的热爱和专注上，还体现在应对挑战的勇气和决心上。

工匠的创新精神也体现在对社会价值的追求上。工匠的创新精神并非仅仅为了满足自己的好奇心，更是为了满足社会的需求，创造出能够给社会带来更大价值的产品和服务。工匠的创新，不仅改变了自己的生活，也改变了整个社会的面貌；工匠的创新，提升了社会效率，推动了社会进步，满足了人们的需求，提高了人们的生活质量。工匠的创新，不仅是对个人技能的提升，更是对社会责任的践行，体现了他们的勇气、才智、专注、热情、责任。工匠的创新精神，不仅让人们看到了个体的力量，也让人们看到了国家的力量，这种力量不断激励着人们去创新、挑战、超越、追求极致，去实现自我价值，去创造更多的社会价值。[①]

三、工匠精神的时代特征

（一）重视实践

工匠精神的基石，在于对实践的极度重视。无论是在工艺技术的磨砺中，还是在职业精神的锻造中，抑或是在传统工艺的传承和创新中，实践都起着至关重要的作用。工匠精神在实践中得到展现、磨砺和升华。

实践是工匠磨砺技艺的必然前提。工匠对工艺技术的精益求精离不开持续的实践，一身好手艺需要反复实践才能磨炼出来。只有在实践中，才能更深入地理解工艺的精髓，体验到分寸之间的差异。实践不仅能提升工匠的技艺，还能帮助他们发现问题、解决问题，不断完善和改进工艺方法，实现技艺的突破和创新。在实践中，工匠需要面对各种困难和挑战，这就需要他们拥有坚忍不拔的毅力、无尽的耐心和对完美的追求。因此，实践不仅磨砺了他们的技艺，也塑造了他们的职业精神。实践是工艺传承和创新的载体。工匠精神是世代传承下来的，而传承的过程便是在实践中完成的。历代工匠通过实践，让后人学习他们的技艺，理解他们的工艺思想，领悟他们的工匠精神。在实践中，年轻的工匠可以直接感受工艺的魅力，理解工艺的价值，从而学习和传承工艺。同时，实践是工艺创新的关键。通过实践，工匠可以发现现有工艺的不足和局限性，从而进行改良和创新。例如，通过不断尝试和实验，可以探索新的材料、新的工具、新的工艺方法，以提高产品的质量。实践是工艺创新的源泉，只有通过实践，工匠才能不断推动工艺的发展和进步。

---

① 王雪亘. 工匠精神培育与高技能人才成长 [M]. 杭州：浙江科学技术出版社，2018：6—18.

没有具体实践，工匠精神就没有实际意义。工匠精神具备一定的物质性和客观性，反映了客观规律。工匠所掌握的特殊技能作用于客观物质，是一种明显区别于理论研究的实践活动。工匠精神能够充分激发劳动者的积极性和创造性，使他们在积极精神的指引下更好地进行创新、创造活动。当下，尽管机器人可以代替人类的部分劳动，但机器人毕竟不具备人的思维，代替的工作大多是重复性和机械性的，无法代替具备创新、创造能力的工匠。当今社会，工匠精神的重要性已经得到人们的广泛认可。

实践作为工匠精神的重要支撑，是工匠实现创新的平台。"探索—试错—修改—再试错—再修改"这一过程的循环往复能够帮助工匠一步步磨炼技艺，实现创新。工匠精神注重实践，并不意味着工匠缺乏对理论的深度思考，恰恰相反，他们常常在实践中反思，以理论指导实践，达成理论与实践的和谐统一。实践对工匠精神的培育十分重要，只有在实践中，工匠才能真正运用和锤炼自己的技艺，体验工艺和材料的特性，了解操作的细微之处。每一次实践都是对技艺的深入理解和提升，在实践中，工匠会遇到各种问题和困难，这就需要他们去思考、探索、尝试新的方法和技巧，从而产生新的想法和创意。

（二）强调技术

工匠精神的另一个重要特征是对技术的尊重和重视。工匠精神所强调的不仅是技术的精湛，更是对技术的持续追求和不断创新。

对工匠来说，技术并非冰冷的工具和手段，而是他们的生命、他们的信仰。他们对技术的热爱表现在用心体会每一处细节、用心塑造每一件作品上；也表现在对自身的严格要求和自我修炼上。工匠掌握着专业技术，因此，工匠精神也具有应用性、不稳定性及复杂性等特征。一方面，技术是一种基于发展规律和相关理论的实践形式，工匠能够将其运用于实践，使其具备极强的生命力；另一方面，技术的进步是一个从简单到复杂、从单一到多样的过程。技术不是一项稳定不变的能力，而是时刻处于变化中，因此，要提升技术，就必须不断进行学习。这种学习精神和适应变化的能力正是工匠所应具备的。此外，技术还具有系统性和复杂性。因此，工匠要具备团队协作精神和不断探索的毅力，只有这样，才能最大限度地发挥他们的技术优势。

对技术的强调，根植于工匠对专业技术的不懈钻研、对新知识和技术的不断探索，以及对技术问题解决方案的不断优化。这是工匠精神的一个重要方面，展示了工匠对工作的热爱和敬重，对职业的投入和专注。工匠对技术的尊重，体现在对手艺的坚守上。他们坚持原创性和独特性，坚决反对一切媚俗、浮夸的手法。他们尊重自然，尊重传统，尊重规则，尊重每一个细微的技艺环节。他们不断磨炼技艺，以期能够达到理想标准，创造出属于自己的独特作品。除此之外，工匠对技术的尊重也表现在对技术创新的追求上。工匠并不满足于已有的技术和方法，他们始终在寻求技术的突破和创新。他们敢于尝试，敢于挑战，敢于失败，敢于改进。他们通过不断实践和探索、不断思考和反思、不断试错和调整，实现技术的革新和升级。

工匠精神对技术的强调意味着工匠对他们所服务的领域有着深入的了解。他们不断学习新的知识，不断提高自己的技术水平，不断提升自己的专业素养。这种对技术的敬畏和追求、对自我提升的执着，正是工匠精神的体现。工匠精神始终处于丰富与发展之中，因为技术本身就是动态的，是不断变化和发展的。因此，工匠需要具备适应变化的能力，需要拥有面对新的技术挑战的勇气，需要能够快速地学习和适应。这种适应变化的能力、勇于面对新的技术挑战的勇气，也是工匠精神的体现。工匠精神是复杂的，因为技术是一套复杂的系统，涉及许多不同的领域和要素。因此，工匠需要具备处理复杂问题的能力，需要有深入理解和应用技术的能力，需要能够理解技术的各个方面，从而将这些方面整合在一起，形成有效的技术方案。这种能力也是工匠精神的体现。

（三）道德取向

工匠精神不仅体现在生产实践上，更体现在对人的塑造及对个体发展的促进上。工匠精神在当今社会有着重要的学习价值。只有具备工匠精神，用高标准严格要求自己，坚持信念，严谨做事，才能取得理想的成绩。如今，尽管工匠已经渐渐淡出人们的视野，但工匠精神永远不会过时。

工匠精神的道德倾向是一种内在指引，是指导工匠行动的灯塔，是工匠对世界的认知和理解。对工匠来说，高尚的道德品质是他们工作的基石。在工作中，他们需要面对各种挑战，解决各种问题，承担各种责任。只有具备高尚的道德品质，才能勇敢地面对挑战，有效地解决问题。

工匠的道德品质也决定了其对技术的态度。高尚的道德品质促使工匠对技术持有敬畏之心、严谨的态度。技术不只是一种手段，更是一种艺术、一种追求、一种信念。工匠尊重技术，追求技术，热爱技术，既是他们道德品质的体现，也是工匠精神的体现。工匠的道德品质也影响着他们的社会责任感。因为他们的工作不仅关乎自己，更关乎他人和社会。他们的每一个决定、每一个动作都可能影响到其他人，甚至是整个社会。因此，他们在做决定时，应考虑该决定对社会的影响，以社会利益为重。这种社会责任感正是工匠道德品质和工匠精神的体现，是人们学习的榜样。

第二节　工匠精神的形成与发展

一、工匠精神的产生

工匠精神的形成源于人类对生存和发展的需求。在古代，人们需要通过手工制作来满足生活需要，因此，工匠精神在这个时期得到充分发扬。工匠需要不断探索和创新，不断提高自己的技能和工艺水平，以生产出更加精美、实用的产品。工匠以他们的聪明才智和精湛技艺创造了许多优秀的手工艺品，如陶瓷、玉雕、木雕、竹雕等。他们严谨的工作态度和无尽的创新精神为后人留下了宝贵的文化遗产。

传统手工业是工匠精神形成的重要基石。传统手工业作为古代经济结构的重要组成部分，它的迅速发展与人们最基本的生活需求息息相关。手工业被称为复活了的历史化石，优秀的手工业品更是我国工匠在长期劳动过程中创造出来的文明成果。譬如，为了满足生产生活需要进行的类型丰富多样、与生活息息相关的器具的制造，为了满足审美享受进行的一系列工艺物品的创造，等等。①

中国手工业历史悠久。在中华文明 5000 多年的历史长河中，无数手工艺大师的辉煌创造推动了中华文明的繁荣，同时在历史的长河中留下了深刻的印记。技艺精湛的鲁班、衣被天下的黄道婆、铸剑鼻祖欧冶子、微雕大师王叔远等，作为中国的传统手工业者，他们远离浮躁，心无旁骛、气定神闲地在斗室之中揣摩作品；他们精雕细琢、精益求精，不断对技术进行创新；他们耐得住寂寞、经得住诱惑，既敢于探索，也敢于失败，创作了一件件精品。

精美的艺术作品、壮丽的建筑、历史悠久的老字号等，它们既是中华文化的重要载体，也是古代手工业发展的见证。它们无声地诉说着我国手工业的丰富内涵和深远影响，彰显着中华优秀传统文化的独特魅力。它们及它们体现的工匠精神，不仅在中国的历史长河中留下了独特的痕迹，也对世界产生了深远的影响。②

二、工匠精神的发展

进入近代以后，随着工业化进程的加快，传统手工业在一定程度上被机械化、标准化的生产方式取代。但是，在一些需要精细手工技艺的行业，如钟表、音乐器材、精密机械等，传统手工技艺依然得到传承和发扬。在现代工业生产中，工匠精神被定义为对品质的追求和坚持。工匠不断地改进和创新，以新的生产技术为依托，生产出更加优质的产品。

中华人民共和国成立以后，尤其是改革开放以来，我国经济迅速发展，产业结构不断优化，工匠精神再次得到人们的重视，特别是党的十八大以来，工匠精神已经成为新时代中国特色社会主义的重要精神品质和价值追求。

---

① 柳琼.民族复兴：中国梦视角下高职院校"工匠精神"传承与发展 [M].成都：电子科技大学出版社，2018：57-62.

② 亓妍.工匠精神 [M].延吉：延边大学出版社，2022：9-14.

在数字化、网络化、智能化的背景下，工匠精神在全社会的宣传和贯彻有助于我国在全球竞争中赢得优势。总的来看，工匠精神是在长期的社会实践中形成和发展起来的，是中华民族智慧和实践精神的结晶，是中华民族伟大复兴的重要力量。从古至今，工匠精神始终贯穿在中华民族不懈努力、艰苦奋斗的历程中，体现了中国人民的聪明才智和坚忍不拔的精神风貌，是中华民族进步的重要驱动力。

第三节　工匠精神与立德树人

一、立德树人概述

（一）立德树人的内涵

党的二十大报告指出，育人的根本在于立德。全面贯彻党的教育方针，落实立德树人根本任务，培养德智体美劳全面发展的社会主义建设者和接班人。高职院校应积极贯彻党的二十大精神，在新的历史条件下不断为培养新时代高素质人才贡献力量。立德，就是坚持德育为先，通过正面教育引导人、感化人、激励人；树人，就是坚持以人为本，一切以学生综合素质的全面发展为基本出发点，通过合适的教育塑造人、改变人、发展人。我国是中国共产党领导的社会主义国家，这就从根本上决定了我国的教育必须坚持立德树人的根本任务，培养一代又一代德智体美劳全面发展的社会主义建设者和接班人。人才培养是育人和育才相统一的过程，其中育人是本。人无德不立，育人的根本在于立德，这个德，既包括个人品德，也包括社会公德，更包括报效祖国和服务人民的大德。德"立"住了，人才能"树"起来。

为民族进步和国家发展培养合格人才，本就是教育的天职。将"立德"置于"树人"之前，旨在强调树人的根本在于立德，立德对教育完成培育合格人才的任务具有重要意义；是要表明教育所树之人，必须是社会发展需要的、德才兼备的高素质的人。而立什么样的"德"，对教育及其发展具有根本的意义。当代中国办教育，首先要确立把握正确政治方向的大德，即坚持以马克思主义为指导，全面贯彻党的教育方针，教育事业的发展要同我国发展的现实目标和未来方向紧密联系在一起，为人民服务，为中国共产党治国理政服务，为巩固和发展中国特色社会主义制度服务，为改革开放和社会主义现代化建设服务；坚持党对教育工作的全面领导，坚持走中国特色社会主义教育现代化之路，保证新时代党的教育方针在教育的各个领域得到贯彻，保证各级各类学校的各项工作都朝着完成立德树人的根本任务展开。

（二）立德树人的重点

1. 立德：德育为先

立德强调德育在教育全过程中的主导地位，涵盖对学生道德素养的塑造、价值观的引导、人格特质的培育和社会责任感的培养。教育不仅是知识和技能的传授，更是价值观的灌输和人格的塑造。在这一过程中，德育不仅能教授学生如何辨别是非对错，也能指导他们在面临道德困境时如何做出正确的选择，而这一选择不仅影响个人的道德成长，也影响他人乃至整个社会的道德风貌。在此基础上，立德还要求教育者重视对学生社会责任感的培养。在信息爆炸的今天，学生可以通过多种途径了解世界，因此，他们的社会责任并不局限于个人责任，还扩展到家庭、社会、国家、世界等各个层面。社会责任感的培养能够使学生明白，每个人都是社会的一员，个体的行为会影响到其他人，甚至可能对社会产生深远的影响。对社会责任感的深刻理解和认知，会使学生更加重视自己的行为和选择，使其更具有社会价值和意义。立德树人的显著特点之一就是强调对学生人格特质的培育。人格特质是个体在社会生活中逐渐形成的一种稳定的心理倾向，是个体对外界刺激反应的总和，是个体精神面貌和道德品质的体现。在教育的过程中，教育者通过各种教育方式和教育活动，有意识地对学生的人格特质进行引导和塑造。但教育者需要明确，人格特质的塑造并不是强加给学生一种特定的人格模式，而是尊重学生的个性差异，引导他们在与人交往和处理问题的过程中，发展出积极的心理态度和良好的行为习惯。

2. 树人：全面发展

在立德树人中，树人是指对学生的全面素质教育，目的在于促进学生在身心、智力、情感、社会交往等多个维度上实现全面发展。这种全面发展不仅包括知识和技能的传授，更重要的是引导学生形成正确的人生观和世界观，为他们的人生发展打下坚实的基础。

促进学生全面发展既是立德树人的重点，也是教育的终极目标。在教育实践中，全面发展主要体现在以下几个方面：在知识教学中，教育者要重视运用科学的方法传授知识，巩固学生的理论基础。在身心健康方面，教育者要重视引导学生养成良好的生活习惯，注重锻炼身体，培养健康的心理素质。身体健康是个体发展的基础，心理健康则是保障学生健康成长的关键。健全的身心可以使学生在学习、生活、工作等各方面都有良好的表现，其中良好的心理素质可以帮助学生有效地应对生活中的各种压力和挑战。在智力发展方面，教育者需要提供丰富多样的教育资源和教学方式，引导学生积极主动地学习，从而提高思维能力、创新能力和问题解决能力；还需要教育学生学会独立思考，勇于质疑，有独立的判断和分析能力，这对学生在未来的学习和工作中取得成功是非常重要的。在情感教育方面，教育者要重视引导学生树立积极的情感态度，培养他们的同情心和感恩之心。学生在成长过程中会遇到各种情绪问题，教育者要引导他们理解和调控自己的情绪，形成良好的情绪调节能力。在社会交往方面，教育者要注重教导学生如何与他人交往，如何处理人际关系，培养他们的合作能力和领导能力。社会交往能力是助力学生进入社会后取得成功的一项重要能力，要求学生学会尊重他人，理解他人，同时需要有一定的领导能力，这样才能在团队中发挥更大的作用。在塑造正确的人生观和世界观方面，教育者要引导学生理解世界的多样性，接纳差异，形成开放包容的思维方式。正确的人生观和世界观对学生的全面发展具有重要的引导作用，可以帮助学生建立正确的价值观，形成健全的人格。

3. 实践导向

实践导向是立德树人中一个非常重要的概念。实践导向强调学生要在实践中学习、提高，强调学习的目的性和实用性，注重实践能力的培养。在立德树人的过程中，实践导向主张引导学生通过实践活动，将学到的道德规范应用到实际生活中，使其内化为一种自觉行为，形成个人的道德习惯。因为道德不仅是一种知识，更是一种行为，需要通过实践活动来培养和提高。立德树人确保了教育活动不只是理论的灌输，而是与学生的真实生活环境和社会实践紧密结合，使其在实践活动中深化对道德规范的理解并将其内化为自身行为的规范。这里的实践活动包括学生的日常生活实践、社会实践活动、学校实践活动、课堂实践活动等。其中，学生的日常生活实践是德育的基础，是学生自主发展的基本环境，是形成良好道德习惯的重要途径。

二、工匠精神与立德树人的关系

我国要实现向"制造业强国"的转变，就需要更多的大国工匠。作为培养未来大国工匠的主阵地，职业院校必须肩负起这一重任，努力培养更多高技能人才。高技能人才需要具备高素质，其中最重要的就是要具备工匠精神。要培育工匠精神，就要紧紧抓住立德树人这个根本，让工匠精神在职业教育过程中深深扎根，进而对全面培养高技能人才起到重要作用。由此可见，职业院校要更好地落实立德树人这一根本任务，就必须重视并培育学生的工匠精神，而工匠精神的培育也将使立德树人的根本任务真正落到实处，进而使职业教育的思想内涵更丰富，职业教育的人文价值得到真正提升。

工匠精神强调精益求精，追求卓越，重视经验积累与技艺传承，体现出对劳动的尊重与热爱，这与立德树人中的德育有着深刻的内在联系。专业精神和追求卓越，能够激发学生的职业激情，帮助学生形成坚忍不拔的意志和敬业奉献的态度。尊重劳动和重视经验积累，有利于学生在实践中理解并接受社会公认的道德规范和价值取向，形成正确的道德观念和良好的职业道德素养。工匠精神不仅强调专业技能的熟练掌握，还强调对良好职业道德和人文素养等的追求。这种内在的道德要求，对推动学生全面发展、实现立德树人的根本任务具有重要意义。一方面，它要求学生在提升专业技能的同时，注意培养道德素质和人文素养，形成健全的人格；另一方面，它鼓励学生在追求卓越的同时，注重团队合作和社会责任，提升社会适应能力。

工匠精神所蕴含的实践导向性，与立德树人强调的实践教育思想具有很高的契合性。工匠精神要求通过实践、反复琢磨和长时间积累来掌握技艺和提升技能，这种重视实践的方式恰好与立德树人强调的实践教育相吻合。实践教育可以帮助学生从实际操作中领悟和掌握知识，形成独立思考和解决问题的能力，这不仅有助于提高学生的技能水平，而且有助于培养学生的创新精神和问题解决能力，从而更好地实现立德树人的目标。[①]

第四节　工匠精神与应用型人才培养

一、应用型人才培养概述

（一）应用型人才的概念与特征

应用型人才是指能将专业知识和技能应用于所从事的专业社会实践的一种专门的人才类型，是熟练掌握社会生产或社会活动一线的基础知识和基本技能，主要从事一线生产的技术或专业人才，其具体内涵是随着高等教育历史的发展而不断发展的，应用型人才与学术型人才相对。应用型人才的概念可以从其特征中充分体现出来，其特征主要可以从以下几个维度来考察。

1.品格标准

应用型人才的品格标准包括良好的政治思想品德和人格、艰苦创业精神、自强不息的拼搏意志、乐于奉献的精神和敢于创新的勇气。这些都是塑造应用型人才的重要因素，也是他们在各行各业取得成功的必备条件。

良好的政治思想品德和人格是应用型人才自身素质的基石。一个具有良好政治思想品德的应用型人才，具有正确的世界观、人生观、价值观，能认识到自己的责任和义务，具有高度的社会责任感和高尚的职业道德。他们的

---

① 亓妍.工匠精神 [M].延吉：延边大学出版社，2022：20-25.

人格特质包括诚实、责任、公正、尊重他人等，这些特质不仅表现在他们的个人生活中，更表现在他们的职场生活中。艰苦创业精神和自强不息的拼搏意志是应用型人才奋斗的动力源泉。在一个快速发展和高度竞争的社会环境中，艰苦创业精神和自强不息的拼搏意志成为他们追求成功的关键动力，并激励他们面对困难和挑战时，始终保持积极的态度和坚忍的意志，始终坚信只有通过不断努力和坚持，才能实现他们的目标和梦想。乐于奉献的精神是应用型人才的一种崇高境界。无论是对于职业，还是对于社会，他们都愿意贡献自己的力量。他们知道自己学习专业知识和技能不仅是为了自己的发展，更是为了社会的进步和发展，而工作就是他们奉献的一种方式。敢于创新的勇气是应用型人才的一种重要品质。在当今的社会环境中，创新是推动社会进步和发展的重要动力，应用型人才应该具备敢于创新的勇气。

2. 岗位适应

应用型人才的岗位适应性特征十分突出，其岗位适应能力主要表现在以下两个方面。

一是应用型人才理论与实践相结合的能力比较强。这种能力的核心在于他们能够遵循从理论到实践、从抽象到具体的思路进行思考和行动。他们不仅掌握了理论知识，更懂得如何从理论和实践中寻找答案，用创新的方式解决问题，具备较强的实践能力和问题解决能力。

二是应用型人才具有将科学研究成果转化为具体的工程设计、工作规则、运行决策，并运用到生产、流通、社会服务等各个环节的能力。他们能够从研究成果中抽取核心内容，形成可操作的规则和决策，并将这些规则和决策运用到具体的工作环境中。这种较强的成果转化能力使他们能够有效地将科学研究成果转化为生产力，为企业和社会创造价值，这也正是应用型人才的价值所在。

3. 知识要求

从知识要求的角度来看，应用型人才必须具备一系列的知识，主要包括以下两个方面。

一是应用型人才必须具备扎实、系统的知识。这是其能够胜任工作的重要条件。这种知识既包括广泛的基础知识，也包括系统的专业知识。有了这些知识，应用型人才才能有效地应对各种挑战，满足各种需求。

二是应用型人才需要具备与岗位相适应的社会、人文、自然科学知识。对这些知识的理解和掌握能够帮助应用型人才更好地理解工作环境，满足工作需求，高效工作。例如，对社会知识的理解和掌握，可以帮助他们理解社会现象；对人文知识的理解和掌握，可以帮助他们理解人的行为和思想；对自然科学知识的理解和掌握，可以帮助他们理解自然现象。这些知识使应用型人才能够更全面地理解和处理工作中的问题。

4. 能力要求

从能力要求的角度来看，应用型人才应具备一系列的核心能力，包括获取知识和创造性地应用知识的能力，经营管理、组织交往、应急应变等非技术能力，以及科研能力、技术思想表达能力和技术应用能力。这些能力要求涵盖多个方面，体现了应用型人才的全面性和复合性。

具备获取知识和创造性地应用知识的能力是应用型人才的基础。获取知识的能力意味着他们能够有效地获取、理解、记忆和整合知识，而创造性地应用知识的能力则意味着他们能够灵活运用所学知识解决实际问题。这种能力不仅需要对知识有深入理解，也需要对问题有深入理解，能够从多角度看问题，发现问题的本质，并寻找合适的解决方法。

具备经营管理、组织交往、应急应变等非技术能力是应用型人才的重要特点。经营管理能力包括计划、组织、领导和控制能力，意味着他们能够有效地组织和管理工作；组织交往能力包括沟通、协调、合作能力，意味着他们能够有效地与他人交往和合作；应急应变能力意味着他们在面对突发事件时能够迅速做出反应，有效地处理问题。

具备科研能力、技术思想表达能力和技术应用能力是应用型人才的另一重要特点。科研能力意味着他们有最基本的科学研究能力，能够通过严密的逻辑推理进行探索和证明；技术思想表达能力意味着他们能够清晰地表达自己的技术思想和创新理念，与他人进行有效沟通和合作；技术应用能力意味着他们能够将所学技能应用到实际工作中，解决实际问题，实现技术的应用和转化。

5.技能要求

相比于能力要求，技能要求更加强调工作实践中的具体能力，如做实验、设计制图、计算机操作、外语交流等。这些实操技能的掌握，不仅可以帮助应用型人才高效地完成专业任务，而且将使他们在未来的职业生涯中拥有更强的竞争力。这些技能要求并不是孤立的，而是相互关联的，构成了应用型人才的核心技能体系。

应用型人才不仅需要掌握理论知识，更需要具备动手实践能力，而动手实践能力往往并不是只通过书本学习就可以获得的，还需要大量的实践应用。因此，应用型人才对技能的追求，实际上也反映出他们对实践的重视。在实际工作中，各种专业技能往往需要结合使用，才能解决复杂的实际问题。这要求应用型人才具备跨学科素质，能够灵活运用各种技能，解决跨领域的问题。当然，技能本身就是为了解决实际问题而存在的，无论是什么类型、什么领域的技能，最终目标都是为了解决实际问题，提高工作效率。

（二）应用型人才培养的内涵

应用型人才培养是现代教育的重要方向，尤其在高等教育领域。为了适应社会和行业的发展需求，越来越多的高校将重点放在应用型人才的培养上。应用型人才培养的内涵主要包括以下几个方面（如图1-1所示）。

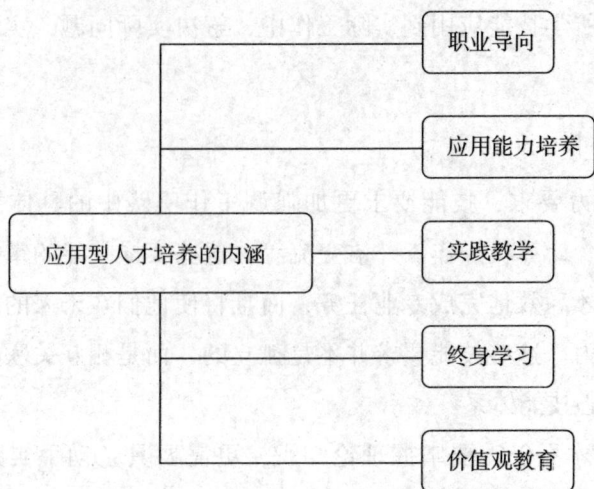

图1-1　应用型人才培养的内涵

1. 职业导向

应用型人才培养是一种职业导向的教育方式，其目标在于满足社会各行各业对具备特定技能和专业知识的人才的需求。因此，教育的焦点不再仅仅是教授理论知识，而且注重培养学生的职业技能和实践能力。

为了让学生能够将在课堂上学到的知识运用到实际工作中，教师需要设计出一种能够模拟实际工作环境的学习环境，这种学习环境不仅可以帮助学生更好地理解课堂上学到的理论知识，还可以为学生提供在实践中锻炼职业技能的机会；这种学习环境不仅能激发学生的学习兴趣，也能帮助学生更好地规划未来的职业生涯。为了更有效地提升学生的职业技能，高校可以与企业合作，为学生提供实习机会。在实习期间，学生可以直接参与实际工作，通过实践提升自己的职业技能。同时，实习为学生提供了一个了解行业发展趋势、熟悉工作环境、建立人脉网络、提高就业竞争力的机会。

现代社会对人才综合素质的要求越来越高，因此，在应用型人才培养中，除了专业知识和技能，还需要培养学生的团队协作能力、沟通能力、创新能力、问题解决能力等。这些能力在职场中同样重要，也是雇主在招聘时会重点考虑的因素。由此可见，应用型人才培养是一种全面、系统的培养，旨在培养出既有专业技能，又具备良好综合素质的人才。

2. 应用能力培养

应用型人才培养的一大特点就是强调学生的应用能力，旨在使学生能够将他们在学校里学习的理论知识和技能运用到实际工作中去，解决实际存在的问题。应用能力的培养注重提升学生的创新思维和实际操作能力，以及独立思考、分析问题和解决问题的能力。理论知识是基础，而应用能力的培养则是将这些知识应用到实际生活和工作中的关键。

在应用能力的培养过程中，教育者尤其重视对学生创新思维和实际操作能力的培养。创新思维是指能够独立思考，寻找解决问题新方法的思维过程。它需要学生具备开放的思想，愿意接受和尝试新事物，能够对旧有的知识和技能进行创新性运用。实际操作能力则是指运用所学知识和技能，解决实际问题的能力。它要求学生能够将理论应用于实践，将想法转化为行动。

另外，应用型人才培养还注重培养学生的独立思考、分析问题和解决问题的能力。在现实工作中，经常会遇到各种未知和复杂的问题，需要工作者独立思考和解决。因此，学校在培养应用型人才时，不仅要教授他们知识和技能，更重要的是培养他们的思维方式和解决问题的能力。这种能力不仅能帮助学生在学习和工作中取得成功，而且能使他们有足够的信心和能力去应对生活中的各种挑战。

3. 实践教学

应用型人才培养非常重视实践教学，强调通过实习、实训、项目实践等方式提升学生的实践能力和职业技能。这意味着学生不仅需要在课堂上获取知识，还需要在真实的工作环境中运用所学知识和技能，这对增强学生对专业知识的理解和掌握，提升其实践能力和职业技能具有至关重要的作用。

实习、实训和项目实践等是实践教学的主要形式。实习为学生提供了直接参与实际工作的机会，使他们能够在真实的工作环境中运用所学知识和技能，提高对专业知识的理解和掌握。实习也为学生提供了熟悉工作环境、了解行业趋势、建立人脉关系等的机会，有助于他们更好地适应职场，提高就业竞争力。实训则是指在模拟的或真实的工作环境中进行的训练，让学生有机会实践在课堂上学到的理论知识和技能，从而提高他们的实践能力和职业技能。项目实践是一种更为具体的实践活动，它要求学生将所学知识和技能运用到一个具体的项目中。

开展实践教学是对学生专业知识理解和掌握程度的检验。在实践的过程中，学生能够了解自己的强项和薄弱点。遇到问题既可以向学校老师请教，也可以向工作中的前辈请教，从而在实践中不断提高。

4.终身学习

应用型人才培养强调终身学习的重要性。在这个快速发展的时代，知识更新的速度非常快，为了适应社会和职业的发展、维持自身的竞争力，每个人都需要养成自我学习和自我提升的习惯，追求终身学习。

终身学习是一种自我驱动的学习，它可以帮助个体对未知的事物保持敏感和好奇，及时获取新的知识和技能，提高自身的竞争力。对于应用型人才来说，终身学习不仅是一种选择，更是一种必要。他们需要不断地学习新的知识和技能，更新自己的知识体系，以便在职业生涯中始终保持领先地位。另外，终身学习也是一个自我提升的过程。这种提升不仅是知识和技能的提升，也是思维方式、价值观、人生观的提升，还是对自我价值和生命意义的不断追求和实现。

5.价值观教育

价值观教育目的在于将学生培养为具有职业道德和高度社会责任感的专业人才，这是应用型人才培养的重要价值追求。

职业道德是对工作的态度和尊重，代表着某个专业领域的行为规范和道德标准。在应用型人才培养过程中，重视培养学生的职业道德，意味着学生在学习和实践中，要始终遵循专业道德的要求，恪守职业规范，尊重他人及自己的工作，始终保持良好的职业道德风范。社会责任感是个人对社会的责任和义务的感知。在应用型人才培养过程中，重视培养学生的社会责任感，意味着学生要理解自己的社会角色、承担的社会责任，以及自己的行为对社会的影响，从而更好地服务社会，为社会的发展做出贡献。

应用型人才的价值观教育也注重实践，强调在实践中落实职业道德和社会责任感，从而使学生在理解的基础上，将其转化为自身行为准则。

（三）应用型人才培养的重要意义

1. 促进社会经济发展

应用型人才的培养在满足社会需求、促进经济发展方面具有至关重要的作用。我国的产业结构正在由以工业为主导向以服务经济为主导转变。这一转变带来的是对高技能和高素质人才的更大需求。在这种情况下，应用型人才培养的重要性更加凸显，成为推动社会进步和企业发展的重要力量。

一方面，应用型人才培养与社会经济发展密切相关。应用型人才具备将理论知识和技术技能转化为实际生产力的能力，能够运用专业知识和技能，解决复杂的实际问题，进而推动科技创新，提高生产效率。这使得他们在科技发展、工程建设、项目管理、企业运营等领域起到了不可或缺的作用，从而推动社会经济发展。另一方面，应用型人才培养是满足社会对技能型人才需求的重要途径。在快速发展的社会中，技术进步和产业结构调整都对人才提出了更高的要求。企业对能够独立思考、快速适应、实际操作能力强的应用型人才有着巨大的需求。应用型人才培养不仅可以满足企业对高技能、高素质人才的需求，也能够调整人才结构，优化应用型人才与学术型人才的比例。

2. 提升教育质量

应用型人才培养是教育质量提升的重要驱动力。它强调以实践为导向，通过动手、动脑、动情的活动，实现学生知识、技能、素质的全面发展；倡导问题解决导向的学习方式，鼓励学生从实际出发，深入理解和掌握知识，从而培养独立思考和问题解决能力。这样的教育方式对提高教育质量、培养应用型和创新型人才具有重要意义。

应用型人才培养对教育质量的提升表现在两个方面：一方面，它使得教育更加贴近社会实际，更加符合社会发展需求，更加注重学生实践能力和应用能力的培养，大大提高了教育的社会适应性；另一方面，它使得教育更加注重个体发展，更加关注学生的全面发展。学生不仅需要掌握专业知识，还需要发展自我管理能力、创新能力、协作能力等，从而实现全面发展。

通过推进应用型人才培养，教育不再是单一的知识传递，而是全方位的能力培养；学生不再是被动接受知识的对象，而是积极参与实践、解决问题的主体；教师不再是单一的知识传递者，而是引导学生学习、解决问题的指导者。这种教育模式有利于培养学生的实践能力、创新能力、批判性思维能力等，为他们的未来生活和工作提供更多的可能性。

3. 激发社会的创新活力

应用型人才培养有利于激发社会的创新活力。应用型人才具备丰富的专业知识和高超的实践技能，能够将理论知识和实践技能融会贯通，并将其运用到具体问题的解决中，从而推动科技进步和社会发展。在当今社会，创新是驱动社会进步的重要力量，而应用型人才正是创新的重要实践主体。

应用型人才具有强烈的问题意识和创新意识，能够敏锐地发现生活和工作中的问题，并能运用所学知识和技能解决这些问题。这种将理论与实践相结合的能力，使得他们在实践中不断提高，不断完善，从而激发创新活力。应用型人才也具有一定的跨学科知识和技能，能够在科研、设计、工程等领域开展创新活动。这种跨学科的综合能力，使得他们能够在不同领域中进行创新，提出新的观点和解决方案，为社会发展提供新的动力。应用型人才具备的这些特质，正是实践创新的重要组成要素。

二、工匠精神培育与应用型人才培养之间的关系

（一）本质一致

工匠精神培育与应用型人才培养在本质上是一致的，都强调对实践、技术和创新的关注，都强调将理论知识运用到实际中，从而解决现实问题，推动社会发展。

实践和创新是工匠精神培育与应用型人才培养的两大核心要素。关于实践，理论知识的获取和掌握固然重要，但更重要的是将其运用到实际工作

中，解决实际问题。关于创新，尽管工匠精神注重对传统的坚守，但并不拒绝创新，而是在尊重和继承传统的基础上，通过创新实现技艺的提升。应用型人才培养同样强调创新，只有拥有创新能力的人才，才有可能在面临新问题、新挑战时，找到新的解决方案，推动社会进步。

无论是工匠精神培育还是应用型人才培养，都强调技术的重要性，并提倡通过长期的专业教育与实践训练提升学生的技术水平。工匠精神追求技术的精湛，注重每一处细节，力求完美。应用型人才培养则强调技术在解决实际问题中的价值。这种对技术精益求精的追求，也是工匠精神与应用型人才培养在本质上一致的表现。

（二）培养目标一致

工匠精神培育与应用型人才培养在培养目标上有着一致性，主要体现在三个方面：其一，都注重专业技能与素质的提升。其二，都强调对社会的贡献，注重实际问题的解决。其三，都非常重视创新和自主学习能力。

无论是工匠精神培育还是应用型人才培养，提升个体的专业技能与素质都是其重要任务。工匠精神培育强调精益求精，专注细节，注重对手艺的执着追求和精细打磨。应用型人才培养同样要求学生具有扎实的专业知识和高超的操作技能，重视技术熟练程度的提升，倡导精细化、专业化的技术操作。这种对技术的追求使得工匠精神培育和应用型人才培养在提升技术层面上有着共同的目标。

工匠精神培育与应用型人才培养都强调对社会的贡献，注重实际问题的解决。工匠精神培育倡导以技术服务社会，通过专业技艺解决实际问题，推动社会进步。应用型人才培养也是以解决实际问题为导向，以实际操作能力和应用型知识为基础，致力于将理论知识应用于解决实际问题，为社会和企业创造价值。这一目标使得工匠精神培育和应用型人才培养都具有很强的社会责任感和实际应用性。

工匠精神培育与应用型人才培养都非常重视创新和自主学习能力的提升。工匠精神培育鼓励在继承传统的同时，不断创新，不断超越。应用型人才培养则注重创新能力和自主学习能力的培养，鼓励学生积极思考，勇于创新，提升自我。这种对创新的追求既蕴含在源远流长的中华优秀传统文化之中，也充分体现在新时代人才培养的理论与实践之中。这种相同的价值追求使得工匠精神培育与应用型人才培养在目标上具有一致性。

（三）教育内容统一

工匠精神培育与应用型人才培养在教育内容上具有统一性，这种统一性源于两者本质及教育目标的一致。两者在教育内容上的统一性主要体现在以下几个方面。

在专业技能的追求上，工匠精神培育强调技能的精细与独到，要求不断提升个人技艺，不断雕琢产品，对细节追求完美和极致。应用型人才培养同样强调专业技能的训练，旨在让学生具备高超的操作技能和扎实的专业知识，注重提升将理论知识运用到实践中的能力，这无疑与工匠精神对专业技能的追求是一致的。

在对实践教学内容的重视上，工匠精神注重从实践中学习和提升，强调实践经验对工艺技术提升的重要性，倡导通过不断的实践，对工艺技术进行不断完善和提高。应用型人才培养强调实践教学的重要性，鼓励学生通过实习、实训、项目实践等方式，增强实践能力和职业技能，提升对专业知识的理解和掌握。这种对实践经验的重视，使得工匠精神培育与应用型人才培养在教育内容上达成了统一。

在对创新精神的培养上，工匠精神培育强调在传承中创新，在创新中超越，注重发掘和培养个体的创新能力，以推动个人技艺的提升。应用型人才培养强调创新思维和实践创新，提倡在理论学习和实践操作中融入创新元素，鼓励学生培养创新思维，掌握创新方法，提升创新能力。这种对创新精神的培养，也使得工匠精神培育与应用型人才培养在教育内容上达成了统一。

第二章　工匠精神的价值

第一节　工匠精神的时代价值

一、促进我国制造业转型升级

当前，我国仍面临着经济发展方式转型和产业结构升级的重大任务，而要完成这一任务，实现由制造大国到制造强国的转变、由中国制造到中国创造的跨越，离不开广大从业人员的创新和创造，离不开对工匠精神的继承和发扬。

提倡工匠精神是我国制造业转型升级的必要条件，我国正面临着从传统制造业向高端制造业及智能制造业转型的挑战。这种转型不仅需要技术的升级和创新，还需要每一个从业人员技能水平和精神素质的提升。工匠精神代表着对专业的深入理解、对技能的熟练掌握、对质量的极致追求，以及不断创新的决心。这些正是我国制造业转型升级过程中，每一个从业人员必须具备的素质。此外，工匠精神也是我国产业结构升级的重要动力。在全球化大背景下，我国的产品和服务必须具备高品质、高附加值，才能在竞争激烈的国际市场立足，而高品质、高附加值的产品和服务的产生，离不开广大从业人员的精益求精和勇于创新，也即工匠精神的传承与发扬。

技术创新是制造业向高端领域拓展的关键之一。当前，人工智能、物联网、生物技术等前沿技术的发展为我国制造业的转型升级提供了广阔的空间和难得的机遇。企业加强对关键核心技术的研究开发，加快技术创新的转化应用，是我国制造业转型升级的有力手段。质量是品牌的基础，也是制造业转型升级的重要基础。提升质量把控能力、打造高品质产品，是提高企业市场竞争力和维护消费者利益的关键。由此，政府应加强质量监管，企业应注重质量体系的建设和完善，从而提高产品品质和安全性。为实现我国制造业的转型升级，政府、企业和社会各界需要密切合作，制定和落实相应的政策和措施，加快技术创新、质量提升和产业升级，推动绿色制造，培养高素质人才，使我国制造业走向高端化、智能化和可持续化。若想实现以上诸方面的推进发展，就必须重视工匠精神的培育，因为正确的认识对实践具有积极的指导作用，因此，重视工匠精神的传承与弘扬，是我国制造业转型升级的重要保证。

当前，我国正处于从"中国制造"向"中国智造"，从"中国速度"向"中国质量"，从"中国产品"向"中国品牌"转变的关键时期，要实现由制造大国到制造强国的转变、由中国制造到中国创造的跨越，尤其需要大力弘扬工匠精神，精心培养更多知识型、技能型、创新型大国工匠，由此推动制造业高质量发展，科技创新不断进步。工匠精神代表的是一种敬业、专业和创新的精神，对推动我国的科技进步、提高我国产品和服务的质量、促进我国制造业的创新能力具有重大意义。因此，无论是政府、企业，还是高校，都应该通过各种方式，推动工匠精神的宣传、普及和教育，让更多的人理解、接受和践行工匠精神。

二、推动中国制造走出去

在中国制造走出去的过程中，一些产品的质量迫切需要提高。要提高中国制造的产品质量，就需要充分发扬工匠精神，培养大批高素质的大国工匠。制造业涉及国民经济各个行业，是国民经济的支柱产业和经济增长的发动机，是高新技术产业的基本载体，是吸纳劳动就业的重要途径，是国际贸易的主力军，是国家安全的重要保障。中国三十多年的工业化进程世人瞩目，中国制造也成为全世界关注的焦点。当前，中国和全球其他国家一样，正面临新一轮工业革命和技术革命的冲击，存在诸多机遇和挑战。"一带一路"建设为共建国家和地区的制造业发展带来新的机遇。加快技术升级、产业升级和全球价值链升级，重塑国家创新系统，增强国家竞争优势，成为共建国家的共同方向。

在全球化大背景下，推动中国制造走出去、向世界展示中国的制造实力和技术创新能力，已经成为我国必须面对和努力实现的重要任务。然而，在这个过程中，单纯的产量扩张已经无法满足国际市场的需求，产品的质量和创新性已经成为决定企业生死存亡的关键因素。为此，全社会需要大力推广和弘扬工匠精神，培养一大批具有高技能、高素质的工匠，他们将成为提高我国产品质量、创新我国产品设计，以及推动中国制造走出去、提高中国制造在全球市场竞争力的重要力量。[①]

在这个过程中，政府、企业和高校需要共同努力，建立起以工匠精神为引领、以提高产品质量和创新能力为目标的生产和教育体系。其中，政府需要出台相关政策，提供必要的支持；企业需要改变生产模式，提高产品质量；高校需要改革教育模式，培养具有工匠精神的人才。只有这样，才能真正实现中国制造走出去的目标，向世界展示中国的制造实力和技术创新能力。

三、提升产品和服务的质量

在当今全球化大背景下，消费者的需求日趋多样化和精细化，对产品和服务的质量要求越来越高，这就使得企业面临着前所未有的竞争压力。然而，质量的提升并非一蹴而就的，而是需要长期的投入和精细的工作，需要企业有一种深耕细作、追求卓越、始终如一的精神。这种精神，就是工匠精神。

工匠精神体现在生产与服务过程的每一个细节中，体现在每一次对产品

---

① 柳琼.民族复兴："中国梦"视角下高职院校"工匠精神"传承与发展 [M].成都：电子科技大学出版社，2018：98-105.

的检查和改进中，体现在每一次对用户反馈的关注和回应中。工匠精神的培养和发扬，对提升产品和服务质量具有重要的意义。它不仅可以提高产品质量，提升品牌形象，也可以通过提供高质量的产品和服务，赢得消费者的信任，从而实现企业的长期发展。此外，工匠精神的培养和发扬也对提高我国企业的创新能力，并进一步形成核心竞争力具有重要价值。因此，无论是企业，还是社会，都需要大力弘扬工匠精神，让这种精神成为日常工作和生活的一部分，引导人们在日常的工作和生活中，追求卓越，追求完美，创造出高质量的产品和服务，推动企业发展，促进社会进步。①

四、推动创新发展

（一）推动技术创新

推动技术创新是工匠精神的重要内容，其核心是创新意识和实践精神。工匠精神将创新视为推动社会进步和提高生产力的关键要素，强调技术创新的重要性和价值。在工匠精神的引领下，科技创新成为国家发展的战略选择和重要动力，为社会繁荣和进步提供了强有力的支撑。工匠精神与技术创新相互促进。工匠精神既包含精湛的技艺和高超的技能，也包含严谨细致、注重创新的工作态度，还包含精雕细琢、精益求精的工作理念。工匠精神与技术创新紧密关联。一方面，工匠精神是技术创新的内驱力。技术创新离不开企业一线从业人员持之以恒的坚守。"干一行、爱一行、钻一行"是爱岗、敬业的职业态度，"没有最好、只有更好"是创新、精业的职业风貌。唯有敬业、精业的职业素养，方可形成生产技术、方法、工艺不断改进与创新的内在动力。工匠精神能够促使一线从业人员养成踏实、严谨、不浮夸、不浮躁的工作态度，从而更加脚踏实地从事创新工作。另一方面，一线从业人员的技术创新有利于进一步弘扬工匠精神。技术创新要求工匠具有开放性思维品质，这是"匠心"的显著特征。"永不满足""敢于自我否定"的创新精神能够促进工匠精神的提升。通过积极开展技术创新，可以更好地改进产品工

---

① 亓妍.工匠精神.延吉：延边大学出版社，2022：50—52.

艺，提高一线从业人员的技能，进而持续提升产品质量和效能，这正是工匠精神的集中体现。

工匠精神推动技术创新的具体表现主要集中在以下几个方面：首先，工匠精神鼓励人们培养创新意识。创新意识要求人们保持敏锐的洞察力和前瞻性思维，主动关注社会发展的需求和挑战，勇于发现问题、提出解决方案并实施方案。在推动科技创新的过程中，人们需要从理论到实践再到理论，不断地探索和创新，不断突破传统思维模式和做事方式，勇于尝试新的技术、方法和模式，以实现科技创新的突破。其次，工匠精神强调实践的重要性。实践是工匠精神的基石，要求人们不仅有创新的理念，还要通过实际行动来验证理念，最终实现创新。在科技创新的实践中，人们需要勇于面对挑战和困难，勇于迎接失败和挫折，不断实践、反思和改进，通过不断试错和修正，逐步取得突破和进步。再次，推动技术创新还需要建立良好的创新生态系统。工匠精神倡导建立开放、包容、合作的创新生态系统，鼓励不同领域、不同背景的人们共同参与技术创新，形成产学研结合、企业和学术界密切合作的良好环境。在这样的生态系统中，人们可以共享资源和经验，共同攻克科技难题，促进科技成果的转化和应用，加快科技创新的推广和普及。最后，工匠精神还强调持续学习和不断进步。在推动技术创新的过程中，人们需要保持持续学习的态度和习惯，不断提升自身的科技素养和专业能力，紧跟技术发展前沿，不断掌握新的知识、技术和方法。只有具备持续学习的精神，才能适应技术创新的快速变化和不断涌现的新挑战，保持在技术创新道路上的领先地位。

（二）促进非技术创新

工匠精神的精髓在于精益求精和专注，远远超越了单纯的技术操作和手艺制作，更深远地影响着各行各业在非技术领域的创新发展。如今，人们生活在一个信息爆炸、技术飞速发展的时代，对于任何行业、任何领域来说，只有不断创新，才能在激烈的竞争中保持领先，而创新离不开工匠精神的推动。

在艺术和设计领域，艺术家和设计师通常需要投入大量的时间和精力，去观察生活，探索未知，尝试新的创作方法，追求更高的审美境界，这无疑是工匠精神的体现。他们在每一次创作中都在不断地挑战、超越自己，就像工匠不断打磨技艺一样。因此，无论是艺术创作，还是设计创新，都离不开工匠精神的推动。

在其他领域，工匠精神的影响也无处不在。比如，在教育领域，教师需要用工匠的态度去传授知识，培育人才，对每一个教学细节追求尽善尽美；在医疗领域，医生也秉持着工匠精神，对每一场手术、每一次诊断诊断都追求精准无误；在管理领域，管理者需要用工匠的精神去组织和协调，对每一个决策和计划都追求精确和效率。这些都是工匠精神在非技术领域的广泛应用，展示了工匠精神对社会进步和人类发展的重要推动作用。所以，各行各业都应积极培育和弘扬工匠精神，让这种精神引领人们追求卓越，创新发展，共同创造更美好的未来。

（三）促进创新精神的传播与弘扬

追求创新是工匠精神的重要内涵之一，传承与弘扬工匠精神的过程，也是弘扬与传播创新精神的过程。新时代，创新是引领发展的第一动力，是建设现代化经济体系的战略支撑，创新能力越来越成为国家的核心竞争力，自主创新水平的高低更直接影响着国家未来的发展。因此，推进创新精神的传播与弘扬，对推动国家发展具有重要的意义。

工匠精神不仅是一种对技艺的追求，更是一种对精神文明的追求。它强调人们在面对任何工作时，都应该全力以赴，追求最好的表现。这种敬业精神和职业态度，对创新精神的传播与弘扬具有深远的意义。创新不仅需要人们具备前瞻的视野和深厚的专业技能，更需要人们有一种敬业和专注的态度。只有全身心投入工作中，才能触及创新的灵感，才能在日复一日的努力中，完成从0到1、从1到无穷的创新跃迁。在此基础上，工匠精神也为创新精神的传播与弘扬提供了行动指南。它提醒人们，要想真正做到创新，就需要对待工作有足够的热情，对待问题有足够的耐心，对待失败有足够的勇气；需要像工匠一样，在每一处细节中追求完美，在每一次挑战中寻找机会，在每一次失败中积累经验。通过这样的行动，人们才能不断地推动创新，不断地提升自己的创新能力。

第二节 工匠精神的教育价值

一、培养专业技能

（一）鼓励实践教学

传统教育重理论轻实践的做法很容易导致学生理论知识与实践能力相脱离，同时不利于学生对理论知识的深入理解和接受，因此，高校越来越重视实践教学的推进，特别是以培养应用型人才为主要任务的高职教育更是如此。

高职教育是职业技能教育的重要组成部分，其主要目标是为社会培养能直接投入生产、服务一线的专业技能人才。为了达到这一目标，教育者必须在教学过程中培养和提升学生的实践能力，因此实践教学作为一种高效的教学方法，在高职教育中占据着重要的位置。实践教学不仅可以让学生直接接触和处理实际问题，更能使他们更直观、更深入地理解理论知识，更有效地掌握和运用各种专业技能。这一点对工科、医科等实践性强的专业尤为重要。

在实践教学过程中，学生通常需要在实际环境中完成一定任务，如修复一台机器、设计一个产品或制定一个服务流程等。这些任务使学生有机会将理论知识应用到实际中，从而更好地理解知识的应用价值，增强解决实际问题的能力。实践教学也使学生有机会体验职业角色，了解和遵循职业规范，从而培养职业素养。此外，实践教学通常具有趣味性和挑战性，可以激发学生的学习兴趣，增强他们的学习动力。同时，实践教学也为学生提供了自主探索、尝试新方法、解决新问题的平台，有利于培养他们的创新思维和创新能力。总的来说，实践教学是高职教育不可或缺的一部分，对培养学生的技能、实际应用能力、职业素养和创新能力具有重要的作用。

工匠精神具有浓厚的实践色彩，将工匠精神融入实践教学中，不仅可以提升学生的实践能力，还能培养学生的创新思维和社会责任感。通过实践教学，学生可以更好地理解和应用所学知识，并在实践中体验到成功和失败，从而取长补短增强自身的实践能力。学生专业技能的培养与提升需要通过实践教学才能实现，在工匠精神引领的教学实践中，学生通过细致入微的实践操作，能够更为熟练地掌握和运用这些技能。高校的实践教学环节，如实验、实习、实践课程等为学生提供了大量的动手操作机会，使他们有条件在实践中学习和掌握专业技能。在实践过程中，学生需要注意观察、精准操作、精细思考，对每处细节都不能忽视，对每个问题都不能掉以轻心，在反复练习和研究中，逐渐掌握和熟练应用专业技能。这种能力不仅有助于他们的专业学习，而且能在未来的工作生涯中发挥重要作用。高校还可以通过组织各种比赛和活动，如技能比赛、创新大赛等，进一步培养和提升学生的工匠精神。在这些活动中，学生可以把在课堂上学到的知识运用到实践中，与其他学生同场竞技，互相学习，共同提高，在实践中感受工匠精神的魅力，体验精益求精、追求卓越的成就感，进而深化对工匠精神的理解和认同。

（二）注重专业素养的培育

工匠精神的培育不仅涉及学生专业技能的提高，更关乎专业素养的培养。专业素养包括对专业领域的深刻了解，对专业规范的熟练掌握，以及对专业知识和技能的恰当应用。在高等教育中，尤其是在职业教育领域，工匠精神的培育有助于提升学生的专业素养。

一方面，工匠精神包含的精益求精、追求卓越的态度对专业素养的提升有着积极影响。在深入学习专业知识的过程中，这种精益求精、追求卓越的态度可以激发学生的主动性和积极性，使学生愿意花费更多的时间和精力在自己的专业领域上，并提高学习效率和质量。对于专业规范的学习，工匠精神也可以帮助学生形成对规范严谨遵守、对细节精细把握的意识，从而提升学生的专业道德素养。另一方面，工匠精神对实践能力的强调也是提升学生专业素养的重要方面。专业素养的培养不仅需要专业知识和技能的学习，更重要的是这些知识和技能在实践中的运用。通过面对实际问题、解决实际问题，学生可以更好地理解和掌握专业知识，积累实践经验，提升专业素养。

（三）强调尊重专业

在高等教育，尤其是职业教育中，工匠精神的培育是非常重要的一环。工匠精神强调对专业技能和知识的尊重，对工作的敬业和专注，代表了一种专业主义的理念。这种精神对高校学生的专业学习和职业发展具有极其重要的启示和引导作用。

工匠精神强调尊重专业，这种尊重一方面体现在对专业知识和技能的深入学习和熟练掌握上。工匠通过长时间的实践和磨炼将技艺提升到极致，体现了对专业的尊重和敬畏。这种对专业的尊重和敬畏是每个高校学生在专业学习中都需要培养的重要素质。只有深入学习和熟练掌握专业知识，才能真正做到对专业的尊重，从而进一步激发自身在专业领域的主观能动性。另一方面，工匠精神还强调在职业生涯和工作过程中的敬业和专注，这种敬业和专注也是每个高校学生在未来职业生涯中所必需的重要素质。在学校中，学生可以通过参与实验、实习、实训等形式，熟悉真实的职场环境，体验工匠精神强调的敬业和专注。这种实践活动不仅能够帮助学生提升专业技能，还能够培养他们的职业素养，促进他们的职业发展。

二、塑造良好品格

工匠精神作为一种独特的精神属性和品格理念，不仅重视对学生具体技能与专业素养的培养，而且对学生的品德塑造具有深远影响。工匠精神强调的细致入微、精益求精的态度，有助于学生养成良好的学习习惯和工作态度。通过实践，学生能够体会到细节决定成败的真理，从而培养对每一件事情都严谨对待、力求完美的态度。这种态度的确立能够使他们在面对困难和挑战时，更加有毅力和信心去克服。

工匠精神强调的专注和执着，也对学生的价值观产生了深远影响。在当前浮躁不安的社会环境下，专注和执着如同一盏明灯，指引着学生专心致志追求自我实现，而非盲目追逐眼前的利益。通过体会专注一件事情带来的成就感和满足感，学生将会理解生活的真正意义不仅在于物质的享受，更在于精神的追求和实现。

工匠精神提倡的自我超越和追求卓越，可以帮助学生树立正确的人生观和世界观。工匠精神强调的自我实现和自我超越，既是对个体能力的提升，也是对人生价值的追求。通过在实践教学中改进工艺、提升技能，以及由此带来的满足感和自豪感，学生会理解人生的价值在于自我超越，成功的定义在于自我实现，而不仅仅是外在的名利。这种理解将帮助他们建立起积极向上的人生观和世界观，使他们有信心和勇气面对和战胜挫折与困难，更好地实现自身价值。

当然，讨论工匠精神的品格塑造作用，就需要再次强调其对学生创新精神的促进作用。工匠精神蕴含的专注和专业精神是创新的前提。任何一个领域的创新必须以深厚的专业知识和较强的实践能力为基础，只有对一项技术或一个领域有足够的理解和掌握，才可能对该领域进行改进和创新。工匠精神鼓励学生专心致志、深入钻研，为未来的创新打下良好的基石。工匠精神强调的精益求精和持续改进的理念，也为激发创新精神提供了积极的推动力。创新，其实是一种持续不断的优化和改进过程，而工匠精神恰恰强调在工作中不断提高、追求卓越，这无疑为创新的发生提供了持续动力。每一次的改进和优化都可能孕育新的创新点；每一次的尝试和失败都可能是通向成功的必经之路。

工匠精神尊重个体、追求自我实现的特性，能够为学生创新精神的培育提供肥沃的土壤。创新是个体智慧和独特性的体现，创新必须尊重个体间的差异，充分发挥个体的潜力。创新实践，特别是具有首创性的自主创新实践，与创新主体的个性化发展是分不开的，因为创新活动本身就是一种与众不同的创造性实践，这种创造性实践广泛开展的前提是创新主体的知识结构与思维模式的个性化。因此，在培养和提升大学生创新能力的过程中，要坚持以学生为主体，重视个性化教学，使学生在掌握知识、提升实践技能的同时，能够保持自身的个性化发展。工匠精神尊重学生的个体性，鼓励他们追求自我实现，充分发挥自己的创造力。通过实践和体验，他们可以发现自己的兴趣和特长，找到适合自己的创新路径，从而最大限度地发挥自己的创新能力。

三、促进全面发展

在培育高校学生的工匠精神时，不仅要涉及学生专业素养的提升，更要与高校育人的终极理念——促进学生全面发展充分结合，重视学生知识结构、技能体系、思想道德、身心健康等方面的整体发展。

学生的重要任务就是学习专业知识，提升专业素养，工匠精神对学生专业技能的培养具有非常明显的作用。工匠精神强调专注细致，以及对专业技能的精益求精，这有助于促进学生在技能学习上投入更多精力，从而对专业技能有更深刻的积累和理解。工匠精神的培育不仅有利于学生在学业上取得优秀的成绩，而且为他们未来的职业发展打下了坚实的基础。工匠精神对学生的个性发展也有重要的推动作用。基于工匠精神形成的良好个性品质，对学生来说，无论在学业上，还是在人生的其他领域，都是十分宝贵的。工匠精神对学生的品格教育也起到了积极的推动作用。工匠精神倡导的精益求精、追求卓越的理念，能够鼓励学生在学习和生活中，始终保持对优秀品格的追求，始终以高标准要求自己，从而在学术和人生的其他发展领域，均有优秀的表现，更好地实现人生价值。[1]

四、强调终身学习

工匠精神强调持续学习的理念，这对促进学生的终身学习具有重要意义。现代社会，随着科技的飞速发展和知识的不断更新，终身学习成为每个人的必备能力。工匠精神倡导的终身学习，强调对知识的深入钻研和技能的

---

[1] 亓妍.工匠精神 [M].延吉：延边大学出版社，2022：54-58.

不断提升，以及学生自主学习能力的培养和良好学习习惯的形成，这对学生适应社会发展，具有重要的指导意义。

工匠精神的培育是伴随学生一生的，同样，工匠精神的影响也是伴随学生一生的。技术的精益求精、技艺的不断提升，都源于不断的学习和实践。这种强调持续学习、追求卓越的精神，能够激励学生在面临各种挑战时，始终保持对知识的追求和对技能的提升，从而在自己的工作岗位上展现出卓越的工作能力和专业素质。

第三节 工匠精神培育的必要性

一、社会角度

（一）提升产业质量的必然要求

我国由传统制造业向智能制造业的转型，既是产业升级的必然要求，也是适应国际竞争格局变化的现实需要。要实现这样的转型升级，就必须培养出一大批高素质技术人才，而这正是工匠精神所倡导的。

工匠精神的培育对提升产业质量至关重要。工匠精神代表的是一种精益求精、追求卓越的精神态度，对细节的专注、对质量的严谨，都会对产品质量产生直接和深远的影响，特别是在制造业中，产品的质量直接关系到企业的竞争力，工匠精神的培育对于提高产品质量、增强企业竞争力具有重要的推动作用。同时，工匠精神是推动产业升级的重要力量。随着科技的进步和市场竞争的加剧，传统制造业需要进行技术和模式的创新，以适应新的发展需求。工匠精神强调的创新精神、敬业精神，有助于促进技术人才不断探索新技术、新工艺，推动产品的技术创新和产业结构调整。

培育工匠精神，是提高我国产业整体竞争力的必然选择。工匠精神的精髓在于尊重技术，尊重劳动，追求技艺的精进。新时期，我国经济发展进入新常态，经济增速从高速转为中高速增长，经济结构不断调整优化。二十大报告指出，"高质量发展是全面建设社会主义现代化国家的首要任务。发展是党执政兴国的第一要务。没有坚实的物质技术基础，就不可能全面建成社会主义现代化强国。必须完整、准确、全面贯彻新发展理念，坚持社会主义市场经济改革方向，坚持高水平对外开放，加快构建以国内大循环为主体、国内国际双循环相互促进的新发展格局。我们要坚持以推动高质量发展为主题，把实施扩大内需战略同深化供给侧结构性改革有机结合起来，增强国内大循环内生动力和可靠性，提升国际循环质量和水平，加快建设现代化经济体系，着力提高全要素生产率，着力提升产业链供应链韧性和安全水平，着力推进城乡融合和区域协调发展，推动经济实现质的有效提升和量的合理增长。"无论是推进社会主义市场经济改革，还是高质量发展，抑或是提升产业链供应链韧性和安全水平，都离不开产业质量的提升。在这一背景下，培育工匠精神，引导全社会尊重技术、尊重劳动，提高劳动者的社会地位，是提高我国产业竞争力、推动我国经济社会持续健康发展的必然选择。

（二）塑造良好社会风气的重要途径

工匠精神强调的专注、追求卓越、重视细节的理念，是塑造良好社会风气、提升社会劳动者素质、提高社会生产力的重要力量。工匠精神对劳动的尊重和认可，有助于形成尊重劳动的社会风气，这对进一步提升劳动者的工作热情、劳动效率，以及社会生产力具有积极作用。工匠精神的培育也有助于形成尊重技术的社会风气。在当前科技迅速发展的社会背景下，尊重技术、尊重技术人才，对推动我国经济社会发展至关重要。工匠精神倡导的对技术的尊重和追求，能够推动全社会形成尊重技术的风气，提高技术创新的热情，从而推动社会经济的发展。工匠精神的培育还有助于形成尊重创新的社会风气。在经济社会发展过程中，创新是驱动发展的最重要动力。工匠精神对创新的推崇，以及对技术和质量的追求，正是推动创新的重要力量。培育工匠精神，可以激发全社会的创新热情，推动全社会形成尊重创新、鼓励创新的风气，为我国经济社会的持续发展提供源源不断的动力。

工匠精神应该成为一种时代风气。无论是故宫修补文物的匠人还是制作宣纸的手艺人，靠的都是个人的自觉，而德国和日本的"工匠精神"是一种群体性的选择，虽然这种选择有个体的因素，但更多的来自社会风气的认可和制度的保障。因此，教育要参与培育新的社会风气，建设新的制度，为从坐论"工匠精神"到自觉践行"工匠精神"的转变准备制度养料，进而使其发酵成如同空气一般自然存在的国民素质、民族精神。

（三）增强国家竞争力的有效路径

在今天科技发展日新月异的时代，工匠精神的培育越来越成为增强国家竞争力的有效路径。在当今社会，工匠精神被赋予了更为深远的意义，它不仅关乎个体技能的提升，也关乎一个国家整体的技术水平和创新能力，还关乎综合国力以及国家整体竞争力的提升。工匠精神强调的精益求精的品质和持续学习的精神，都是推动科技创新，适应和引领经济社会发展新趋势的重要源泉。

工匠精神的核心价值在于其对专业技能的追求、对细节的把握、对创新的鼓励。它提倡的是一种持续精进、追求卓越的工作态度，这种态度对提高全民族的技术水平具有深远影响。因为只有深入细节，对技术精益求精，才能在技术的磨砺中实现突破，推动科技进步。同时，工匠精神的培育也有利于激发人们的创新精神。它倡导的尊重技术、追求卓越的理念，无疑为科技创新提供了强大的精神动力。在科技日新月异的今天，工匠精神的价值在于其能够为我国的发展提供源源不断的创新动力，使我国在全球科技竞争中占得先机。

在全球化大背景下，国家竞争力的提升无疑是一个重要议题。工匠精神符合新时代提升供给质量的价值追求，是推动我国提升竞争力的重要途径。一方面，工匠精神有助于推动技术进步，使我国在技术创新方面获得优势；另一方面，工匠精神对产品质量的精益求精，有助于提升我国产品的整体质量，从而提升我国在国际市场中的竞争力。工匠精神的培育是塑造我国国际形象、提升我国在全球竞争中地位的必要手段；是新时代中国特色社会主义建设的内在要求。要实现高质量发展，提高全民族技术水平和创新能力，推动科技进步，提高全民生活水平，就需要大力培育工匠精神，推动我国社会生产水平及综合国力的全面提升。

二、教育角度

（一）培育新型人才的需要

1. 培育新时代所需人才

工匠精神的培育已成为我国培养新型人才的必然需要。在当今社会，人才培养的目标已经从单一的知识技能传授转变为全面的素质教育，既注重知识的积累，也强调实践能力和创新精神的培养。新时代的发展需要的是具备创新精神、扎实技能、专业素养高且具有良好品质的新型人才，而工匠精神的核心理念非常契合新时代的人才培养目标。

工匠精神强调对技术的专注、对质量的追求和对细节的关注，这些都是高校在培育新型人才时所需要的。对技术的专注和扎实技能的培养是相辅相成的，新时代需要的新型人才必须在专业技术上有所建树，这样才能在今后的工作中有所作为。对质量的追求和良好品质的塑造也是相互印证的，新型人才拥有的良好品质，既体现在对质量的严格要求上，也体现在对工作的认真负责上。对细节的关注与培养学生的专业素养密切相关，专业素养的提升需要对细节的严格把控。

工匠精神强调的创新精神是培养新型人才的关键，也是社会发展的动力。只有具备创新精神，新型人才才能在社会发展中有所作为。工匠精神的培育就是为了激发和保持这种精神，使其成为中国教育发展的一种常态。

2. 促进学生核心素养的培育

20世纪末至21世纪初，随着科学技术的飞速发展，各国的社会、经济、文化等领域都在不断发生变化，对人们的能力和素质提出了更高的要求。在这种背景下，核心素养的概念被提出，旨在强调人们应该具备的基本素质和技能，以应对未来的挑战。我国推进核心素养的研究是内因与外因相互作用的结果，以核心素养作为基础教育的育人目标，与国际教育改革背景相适应，与国际先进教育理念相接轨，同时不是对西方国家关于核心素养相关概念和研究结论的机械照搬，而是在借鉴先进经验的基础上进行的一种立足我国教育发展实践的课程和教学改革。

中国学生发展核心素养是结合我国在新的历史时期展现出来的新的发展特征，立足我国教育实践形成的具有本国特色的人才培养理念。中国学生发展核心素养以培养全面发展的人为核心，分为文化基础、自主发展与社会参与三个方面，具体表现为人文底蕴、科学精神、学会学习、健康生活、责任担当、实践创新六大素养，还可以细分为审美情趣、理性思维、乐学善学、健全人格等十八个基本要点。各核心素养之间并非独立存在的，而是呈现为一种辩证统一的关系，且不同素养在结构上也并非并立的，而是呈现出一种包含与交叉的关系。核心素养最重要的意义就是，它的提出为我国人才培养指明了具体的发展方向，其基础性、科学性、广泛性的内容也普遍适用于不同专业、不同类型的人才培养。

工匠精神和学生核心素养的结合可以说是理念与实践的高度统一。工匠精神的培育有助于学生在专业学习中寻找到乐趣和兴趣，真正从内心深处对所学领域产生热爱。同时，工匠精神对细节的专注和对卓越的追求，也有助于激发学生的批判性思维，培养他们的创新能力。工匠精神的培育不是一个短期的过程，但一旦形成将深深地烙印在学生的内心深处，成为他们的一种人生态度和职业信仰。工匠精神的传承，对提升学生的核心素养、促进学生的全面发展具有重要的推动作用。

（二）提升高校教育水平的需要

在教育领域，特别是高等教育领域，将人才的素质结构与新时代的社会需求相吻合，培养更多具备较高综合素质的应用型人才受到党和政府越来越多的重视，这既是因为社会生产实践发展对人才素质结构需求产生了变化，也是因为时代的新发展特征对高等教育提出了新的要求。在经济全球化不断深化发展和科技飞速进步的当下，我国正在从传统的制造业大国转变为创新驱动的制造业强国，这就要求高校培养一大批既懂技术又懂管理且具有创新精神的复合型人才。

工匠精神的培育对提升高校的教育水平具有重要的推动作用：首先，工匠精神的培育可以引导学生更加专注自身专业领域的学习，通过对知识和技能的深入研究，提高自身的专业素养和技能水平。其次，工匠精神的培育有助于培养学生的创新思维和批判性思维，工匠精神强调对工作流程和产品质量的不断改进，这有助于激发学生的创新精神和创新能力。最后，工匠精神的培育还有助于提高学生的职业道德和社会责任感。社会的发展不仅需要人们有高水平的技能和知识，更需要人们有高尚的职业道德和强烈的社会责任感。工匠精神可以将人们对本职工作的热爱与专注转化为对社会的责任和义务，对提升高校的整体育人水平有着很强的促进作用。

高校的教师和管理人员是提升高校教育水平的关键角色。他们的教学方法、工作态度、专业素养和道德品质，直接影响学生的学习效果和学校的教育质量。工匠精神以其对专业、技能、品质的极致追求，成为教师和管理人员必须具备的重要品质。以工匠精神育人的重要前提就是教育者自身必须具备工匠精神，只有这样，才能成为学生的榜样，发挥示范的作用，更好地推进学生工匠精神培育工作。教师需要具备深厚的专业知识，对教材内容进行精细化解读，以最精练的语言、最直观的示例、最充实的课堂互动，让学生充分理解和掌握知识。这需要教师有持续学习、深度思考的习惯，有求真务实、一丝不苟的工作态度，而这些都是工匠精神的重要体现。对于学校的管理人员来说，工匠精神是他们提升管理水平、提高学校办学效益的重要支撑。他们需要对学校的管理工作进行细致入微的规划和执行，对学校的资源配置、教学质量、师生关系、学风建设等进行精细化管理。这不仅需要他们具备严谨的工作态度，更需要他们具备持续改进、追求卓越的精神品质。工匠精神的培育有助于形成以人为本、精益求精的管理模式，从而提升学校的整体教育水平。

第四节 工匠精神培育面临的机遇与挑战

一、工匠精神培育面临的机遇

（一）政策制度的支持

伴随着改革的不断深化以及对外开放水平的不断提升，我国越来越重视高等教育的发展和改革，同时对大学生的工匠精神培育也有着明确的政策导向和举措。工匠精神反映劳动者的精神风貌，是时代精神的生动体现。培育工匠精神是一项系统工程，需要加强多方面的协同合作。

我国各级党委十分注重对技能人才培育的政治引领，鼓励和引导教育者不断适应新技术新业态新模式的发展要求，加强和改进技能人才队伍党建工作，探索不同类型党建工作方式方法，在人才培养中突出思想政治引领，加强理想信念教育、职业精神和职业素养教育，大力培育和弘扬工匠精神。政府相关部门加强政策支持，加大技能人才培养投入和服务供给，健全公共职业技能培训体系，深化产教融合、校企合作，实施职业技能培训共建共享，增强工匠精神培育的系统性、整体性和协同性。组织开展各级各类技能竞赛活动，为广大技能人才提供展示精湛技能、相互切磋技艺的平台，提升其职业荣誉感和获得感，营造学习工匠、争当工匠的社会氛围，激发培育和弘扬工匠精神的内驱力。

具体来看，在宏观政策层面，国家出台了一系列相关政策，将工匠精神的培育作为重点，旨在激发全社会尤其是企业界的创新活力，提高产品质量和品牌形象。国家还设立了大国工匠、非物质文化遗产传承人等荣誉称号，用以表彰在践行工匠精神方面有突出贡献的个人和团队。这些政策无疑为大学生工匠精神的培育，打下了坚实的基础。

在具体措施层面，国家加大了对工匠精神培育的经济支持力度。例如，许多地方政府设立了专门的基金，用于支持技术研发、创新创业等活动，鼓励大学生把握时代机遇，实现个人价值；通过产学研用协同创新、推动产教融合、加大对高职高专院校的支持力度等方式，为大学生提供更多的实践机会，帮助他们更好地理解和践行工匠精神；注重激发社会各方面的积极性，推动全社会共同参与工匠精神的培育，如鼓励企业、高校、研究机构等各类社会组织，联合开展以工匠精神为主题的公益活动，让更多的大学生有机会接触和体验工匠精神，增强他们的职业素养和社会责任感。

这些政策措施的实施对促进大学生工匠精神的培养，无疑起到了积极的推动作用。职业院校应该充分利用这些政策优势，通过不断创新教育方式，提升教育质量，让更多的大学生深入理解和践行工匠精神，为中国制造业的发展贡献力量。

（二）教育改革的有利背景

高等教育是实现中华民族伟大复兴的重要基础，作为培养高素质技术人才和未来社会主体的重要场所，大学肩负着传承和发展文化、促进科学技术进步、服务社会经济建设等重大任务。在这个过程中，工匠精神的培育显得至关重要，它不仅有助于提升学生的职业素养，还能激发他们的创新精神和实践能力，从而为国家的科技创新和社会经济发展贡献力量。

近年来，随着我国高等教育改革的深入推进，越来越多的高校通过改革教育教学方法和课程体系、增加实践教学环节等方式，提高教学实效，让学生在实践中体验和理解工匠精神。例如，一些高校设立了专门的创新创业实践基地，开设了创新创业教育课程，通过实践活动、项目研发等方式引导学生将所学知识应用于实践，体验解决实际问题的过程，进一步培养他们的创新能力和问题解决能力。

另外，为了满足社会经济发展需求，高等教育也在不断进行专业设置的调整和优化。一些重视技能培养的专业，如新能源、高端制造、智能科技等得到了重视和发展。这些专业的发展需要大量具备工匠精神的技术人才，为大学生工匠精神的培育提供了广阔的应用空间。

随着高等教育体系的改革和创新，工匠精神的培育得到了前所未有的关注和重视，这对提升我国大学生的职业素养、培养他们的创新能力，有着重要的推动作用。在未来的教育改革中，职业院校还需要进一步深化教育教学改革，强化实践教学环节，激发学生的创新精神和实践能力，为培育更多的"大国工匠"奠定坚实的基础。

（三）人才需求结构的变化

随着科技的发展和创新的推进，各行各业对人才提出了更高的要求。不仅需要他们拥有丰富的知识和技能，更希望他们具备创新精神和实践能力，能够积极面对和解决各种实际问题。因此，拥有工匠精神成为社会对现代人才的重要期待。大学生作为社会的新生力量，将在未来的社会发展和创新中发挥重要作用。我国的经济发展模式正在向以质的提升为主转变。这就要求产业不仅要有数量的增长，更要有质量的提升，而质量的提升需要大量具有工匠精神的人才支撑。这些人才不仅要有深厚的专业知识和技能，更要有良好的职业素养和敬业精神，能够在各自的工作岗位上做出最好的产品，提供最好的服务。随着生活水平的提高，人们对生活品质的追求也在不断提升，期待享有更优质的产品和服务，这就需要大批具备工匠精神的人才，用专业技能和创新能力为人们创造更好的生活，这无疑为大学生工匠精神的培育及高素质人才的培养提供了广阔的应用空间。

（四）信息与网络技术的发展

如今，人们正处于一个信息爆炸的时代，网络信息技术的迅猛发展打破了地域和时间的限制，使得获取和分享信息变得前所未有的方便。这一变革不仅改变了人们的生活方式，也为大学生工匠精神的培育带来了新的机遇。

1.拓宽了信息获取渠道

信息化和网络化的发展使得大学生更容易接触世界各地的最新科技。他们可以借助网络平台，获取全球最新的科研成果，了解国际上的前沿科技动态，甚至可以与国外的科研机构、专家学者进行直接交流。新的信息传播与交流方式不仅加深了学生对自己专业领域的理解，也开阔了他们的视野，提高了他们的创新能力和实践技能。同时，大学生还能通过网络接触到世界各地的文化。例如，他们可以在网上观看外国电影、阅读外文书籍，或者参与各种国际交流活动，了解并体验不同的文化。这不仅可以提高他们的跨文化交际能力，也有助于他们更好地理解和尊重文化多样性，形成包容的世界观。网络平台还为大学生提供了观察和学习国内外优秀案例的机会。无论是企业的成功经营，还是个人的创新发明，都可以通过网络传播给大学生。通过了解这些案例，他们可以学习到优秀的经验和方法，为自身的学习和实践提供参考。

2. 信息交流更加便捷

现代社会，信息具有很强的交互性，信息化和网络化的发展更为大学生提供了展示自我、实现自我价值的平台。当代大学生可以通过网络，将自己的作品与成果展现给全世界的人们，这为大学生的个性发展提供了良好的环境，也是培育工匠精神的重要途径。此外，网络也为大学生提供了表达自己观点和想法的空间。他们可以在社交媒体上发表自己的见解，参与社会话题的讨论，与他人交流思想，碰撞观点。这不仅可以提升大学生的思辨能力和表达能力，也可以帮助他们形成独立的思考习惯和批判性思维。

3. 推动学习方式的改变

信息化和网络化的发展还在很大程度上改变了大学生的学习方式。传统的学习方式往往依赖教师的传授，而现在，大学生可以通过网络自主地获取和探索知识，独立地解决问题，这无疑对他们的自主学习能力、批判性思维能力以及问题解决能力，都有着深远的影响。

二、工匠精神培育面临的挑战

（一）传统育人模式的挑战

在我国高等教育体系中，理论学习长期以来占据着主要地位。当然，理论知识的学习是非常重要的，它为学生提供了必要的知识基础，是学生理解和掌握专业领域内的基本原理和方法的重要途径。但实践教学的被忽视，导致学生在毕业后对实际工作情况缺乏充分的了解和准备。

工匠精神的培育核心在于实践。工匠精神体现在对专业技能的掌握、对质量的追求、对细节的关注及对创新的探索上，这些都是在实践中逐渐积累和形成的。学生需要亲自动手，才能够真正理解和掌握这种精神。因此，要培养学生的工匠精神，必须重视实践教学的地位，将其真正融入教学中。为此，教育者应改变过于强调书本知识的教育体系，调整课程设置，增加实践课程的比例，让学生有更多亲自动手操作、实地体验的机会。同时，高校应从制度上明确实践课程的重要性，将其纳入学分和学生评价体系中，让学生明白实践教学的重要性。

教学模式是人才培养中的关键组成因素，传统的教学模式往往是教师讲授，学生听课。在这种模式下，学生往往被动地接受知识，缺乏学习的主动性。因此，在工匠精神培育中，教师应该采用更为有效的教学模式，如项目驱动式教学，让学生在解决实际问题的过程中学习和掌握知识，并鼓励和支持学生进行科研创新活动。政府应该充分发挥自身的教育引领、政策制定与制度保障作用，主导建立有效的合作育人机制。学校与企业和行业机构的合作关系，让学生有机会走出校园，走进实验室和生产线，直接接触最前沿的技术和最新的设备。这种教学模式不仅能够帮助学生了解和适应未来的工作环境，也能够激发他们的学习兴趣和热情。理论知识的学习和实践技能的培养都是学生全面发展的重要组成部分。只有当实践教学得到充分重视，才能真正推进工匠精神的培育，大学生才有可能成长为"大国工匠"，为我国的社会发展和科技进步做出更大贡献。

（二）师资队伍建设的挑战

教师是教学的重要组成因素，是教学活动的主导者，因此，提升教师队伍的素质和水平非常重要。教师是学生学习的引导者和榜样，他们的教学理念和教学方法直接影响着学生的学习效果，所以，在工匠精神的培育中应该对教师进行专业培训，以提升他们的教学能力和实践能力，让他们能够用更有效的方式引导和激励学生，培养学生的工匠精神。

本书立足高职教育讨论基于工匠精神的应用型人才培育，因此，在考察师资队伍时主要以高职教师为例。与其他职业相比，高校教师职业具有其特殊性。高校教师的专业性与技艺性明显不同于其他职业。高校教师担负着教书育人、科学研究、服务社会和文化创造与传承等方面的重要任务，其具有的科学性、艺术性、技能性和复杂性等特征是其他职业所不及的。但是，目前部分教师不能很好地满足工匠精神培育的需求。例如，有的教师欠缺坚定的职业精神；有的教师只教书、不育人，重科研、轻育人，社会服务水平较低，文化创新与传承能力缺失，甚至存在职业倦怠等；有的教师不能很好地适应新时代新的教育理念，不能掌握全新的教育方法，不能及时更新教育手段、提高科研能力。这些都在一定程度上阻碍了工匠精神培育的进程。

要培育学生的工匠精神，教师应先具备工匠精神，以潜移默化地影响学生。近年来，工匠型教师在职业院校得到大力提倡。顾名思义，工匠型教师就是具备工匠精神的教师。具体可以从三个方面理解，即匠术、匠心、匠德。匠术，指工匠型教师具备丰富的理论知识和娴熟的职业技能，并能根据学生的特点采取有效的教学方法。匠心，指工匠型教师具有深刻的职业认知和深厚的职业情怀。匠德，指工匠型教师具有报国的职业境界和利他的职业道德。但由于这方面的培训比较少，一些高校还没有完全开展工匠型教师培训工作，这也在一定程度上阻碍了工匠精神的培育进程。

（三）社会环境与大众普遍思维的挑战

社会环境，包括经济、政治、文化等方面，会直接影响人们对工作的态度和追求。例如，在经济发展较快的地区，人们更加重视工作的价值，更加追求工作的质量和效率。在政治稳定、文化繁荣的地区，人们更加热爱工作，更加追求工作的质量和创新。只有在全社会营造出尊崇工匠精神的氛围，才能促进工匠精神的培育、发扬和传承。工匠精神对中国制造向中高端迈进、实现产业转型升级具有重要意义。

当今，快节奏、充满挑战和不确定性的即时回报的思维模式常常导致人们的注意力被诱导到即时、短期的利益上，对于需要长时间投入、积累才能看到结果的事物，往往缺乏足够的耐心和兴趣。这种现象也在很大程度上反映了社会环境对个人价值观和行为模式的影响。

工匠精神是一种追求卓越、追求极致、追求完美的精神，强调对专业技艺的精益求精，对质量的严谨要求，对细节的极致追求，对创新的坚持不懈。这些都需要投入大量的时间和精力，需要长期的积累和磨炼。因此，在当前的社会环境中，工匠精神的价值往往被忽视，致使工匠精神的培育面临着严峻的挑战。当前社会对"成功"的定义，往往过于偏重物质收入和社会地位，而工匠精神强调的是对技艺的热爱，对质量的追求，对创新的执着，这些都不是短期内就能看到回报的，如果社会文化过分强调物质收入和社会地位，可能会影响人们对工匠精神的理解和接受。

在信息化、网络化的环境下，知识更新的速度越来越快，技能的寿命越来越短，这很容易使人们变得浮躁。然而，工匠精神强调的是对专业技艺的深入研究，对质量的持久追求，这就需要有长期的、稳定的精力投入，社会中弥漫的浮躁情绪与工匠精神的要求产生了冲突，对工匠精神的发扬和传播产生了阻碍作用。

（四）学生自身观念的挑战

当前大学生面临的一系列挑战在很大程度上影响了他们对工匠精神的理解和接纳，尤其是他们对职业教育和技术技能学习的态度，成为工匠精神在大学生群体中培育的一大阻碍。

大学生普遍存在对职业教育与工匠精神的偏见。在一些大学生的观念中，职业教育与工匠精神往往与"低端""庸俗"相联系，与他们追求的"高端""高雅"的大学生涯格格不入。他们认为职业教育主要是培养低层次的劳动者，而自己作为大学生应该追求的是高层次的知识和技能。这种偏见让他们对职业教育敬而远之，不愿意接触和学习技术技能。

还有一部分大学生倾向于追求理论知识的学习和学历的提升。在他们看来，理论知识的学习和学历的提升可以帮助他们获取更好的就业机会，获得更高的社会地位。他们追求的是一种"快速通道"，希望通过追求学历一步登天，这使得他们对需要长时间投入、耐心练习的技术技能缺乏兴趣和耐心。大学生对技术技能的价值和重要性缺乏足够的认识。在他们的观念中，技术技能是次要的、不重要的，甚至是低级的。他们认为，学习技术技能只是为了找到一份工作，而且这种工作往往是低收入、低社会地位的，甚至个别大学生对劳动缺乏尊重和热爱。他们希望通过学习提升学历，从而逃避劳动，脱离劳动。他们对劳动价值和意义的这种不正确的认识，在一定程度上影响了工匠精神的培育。

第三章　工匠精神培育的理论基础

第一节　人力资本理论

一、人力资本理论的内涵与人力资本特点

（一）人力资本理论的内涵

人力资本理论是由美国经济学家西奥多·舒尔茨（Theodore W. Schultz）和加里·S.贝克尔（Gary S. Becker）于 20 世纪 60 年代创立的。人力资本理论产生的背景主要包括以下几个方面：一是当时美国政府政策的实践，使得敏锐的经济学家尤其是芝加哥学派的学者，开始重视人力资源问题并进行人力资本系统研究；二是受当时美苏冷战思维的影响，美国各界开始关注人力资本投资问题，力争追赶苏联在科技方面的成就；三是传统经济理论受到挑战，有些问题得不到合理的解释，使得新理论呼之欲出；四是新技术的崛起，计算机技术的普遍应用，推动了人力资本理论的产生；五是经典的经济学理论和学者的成就为人力资本理论奠定了基础。同时，舒尔茨还观察到，一些国家在第二次世界大战后飞快的经济复苏速度与其薄弱的物质基础不匹配的问题，这使经济学遭遇了重重困难和挑战，也为经济学家指明了研究方向，还为人力资本理论的发展创造了新机遇。

　　人力资本是指凝聚在劳动者身上的知识、技能及其表现出来的能力。这种能力是生产增长的主要因素，是具有经济价值的一种资本。从个体角度定义，人力资本指存在于人体之中，后天获得的具有经济价值的知识、技能、能力和健康等质量因素之和；从群体角度定义，人力资本指存在于一个国家或地区人口群体每一个个体中，后天获得的具有经济价值的知识、技能、能力及健康等质量因素之总和。

　　人力资本理论源于经济学研究，是经济学领域的重要研究成果之一。该理论将研究的重点放在经济发展的资源支撑上，将资本划分为物质资本与人力资本，两者缺一不可，且以人力资本为重。人力资本理论认为，物质资本指的是人类生产活动中所包含的物质产品的资本，包括机器、原材料、厂房、土地等。人力资本指体现在人身上的资本，即对人进行教育、培训以及其他方式的培养的投资，表现为人自身拥有的知识、技能、经验等综合素质的总和。①

　　人力资本管理不是一个全新的系统，而是建立在人力资源管理基础上的，综合了"人"的管理与经济学的"资本投资回报"两大分析维度，将企业中的人作为资本进行投资与管理，并根据不断变化的人力资本市场情况和投资收益率等信息，及时调整管理措施，从而获得长期的价值回报。

（二）人力资本的特点

　　人力资本的特点可以通过与物质资本的比较得出，因为人力资本与物质资本是两种截然不同又相辅相成的资本类型。通过比较，人力资本的特点主要有以下几点（如图 3-1 所示）。

---

① 李跃，卢雨秋，罗双，等 . 面向创新型国家建设的高校人才政策研究 [M]. 成都：四川大学出版社，2022 : 15-16.

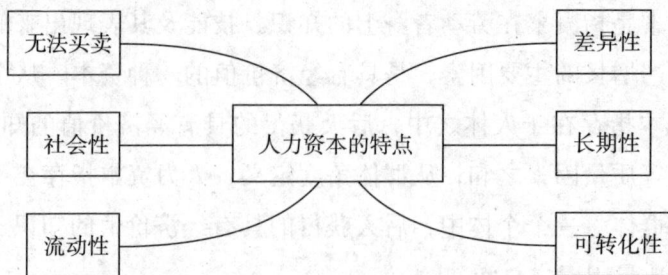

图 3-1 人力资本的特点

1. 无法买卖

人力资本是基于人产生的，主要包括知识、技能、健康等无形因素，不能像物质资本一样买卖或转让，只能通过租赁的形式发挥其价值，这种租赁通常体现在劳务交易、就业和其他形式的工作关系中。这一特性保障了个体的尊严和自由，同时对经济活动的组织和管理提出了新的要求和挑战。人力资本对经济增长的作用是非常巨大的，因此，以何种形式选择与租赁人力资本非常考验决策者的眼光与能力，而人力资本无法买卖的特性也决定了其具有非常强的流动性。

2. 差异性

人力资本的效能并非固定不变的，而是与人的活动、状态、环境等因素紧密相关。人不是机器，无法始终保持相同的效率和性能，即使是在同样的工作岗位上也不可能始终保持相同的表现。此外，每个人都有自己独特的性格、价值观和行为方式等，这使得每个人的人力资本都具有独特性。因此，对人力资本的管理需要细致入微，全面考虑个体的特性和需求，灵活调整策略和方法。

3. 社会性

人是社会性的动物，人力资本的价值并不仅仅体现在经济生产中，更体现在社会交往、文化创新、公民参与等多个领域。这使得人力资本的价值和影响力远超物质资本。人力资本不仅是经济增长的关键因素，也是社会进步的重要推动力。因此，人力资本被视为宝贵的社会资源，全面开发和使用人力资本有利于促进社会经济的全面、协调发展。

4. 长期性

从教育过程来看，人力资本的积累是一个长期的过程，个体从基础教育到中等教育再到高等教育或其他专业教育，每一个阶段都需要持续的学习和磨砺。此外，教育不仅包括学术知识的学习，还包括技能的训练、价值观的培养、社会规则的认知等。这种全面的教育对提升个体的知识水平、技能水平、思维能力和社会适应性至关重要。

在职业生涯中，人力资本的积累也是一个持续的过程。工作经验的积累、职业技能的提升、职业素养的磨砺等，都需要日积月累的努力。随着时间的推移，个体将会掌握更多的工作知识、更熟练的操作技能，形成更高效的工作方式，培养更强的问题解决能力。这些都是人力资本的重要组成部分，对提升个体的工作能力和竞争力具有决定性作用。

5. 流动性

人力资本的主体是具有主观能动性的人类个体，其价值会随着个体的流动转移到不同的社会生产实践中去。人们可以根据自己的职业规划和生活需求选择不同的工作，从而将自身的人力资本应用在不同的地方。这一点显然不同于物质资本，后者的流动性会受到很多实际条件的限制，如运输成本、国际贸易规则等，而人力资本的流动几乎不受这些条件的限制，个体可以更灵活地配置自己的资源，优化自己的工作和生活环境。

人力资本的流动性不仅能够给个体带来好处，而且对整个社会经济的发展也有深远的影响。人力资本的流动可以推动知识和技能的传播，缩小区域间的发展差距。举例来说，当具备丰富知识和高级技能的人从发达地区流向欠发达地区，他们可以将先进的知识和技术带到这些地方，推动当地经济发展。同样，当具备特定技能的人从一种行业流向另一种行业，他们可以推动技术的融合和创新，促进新的产业的发展。因此，人力资本的流动性对社会经济的发展具有重要的推动作用。

6. 可转化性

在一定条件下，个体可以将其人力资本转化为其他形式的资本，如社会资本和文化资本。转化的实现往往依赖个体对自身人力资本的充分认知和合理利用。通过学习和实践，个体能够获取知识、提升技能，这就是人力资本的累积过程。当个体将这些知识和技能应用到社会交往、文化参与等实践中，就可能将其人力资本转化为社会资本和文化资本。

社会资本指的是通过社会网络和关系获取的资源和支持。通过交往、沟通和合作，个体可以建立和维持社会关系，获得信息、信任和合作的机会，这就是社会资本的形成。人力资本，特别是交往技能和沟通能力，对社会资本的形成具有重要影响。具备这些技能的个体更容易在社会交往中建立起有利的关系，获取有用的资源和信息，从而提高自身的社会资本。文化资本则涉及对文化符号、规则和价值的理解和应用。通过阅读、研究和体验，个体可以获取文化知识，提高对文化现象的理解和判断，这就是文化资本的累积。人力资本，特别是个体对文化知识的理解和运用能力，对文化资本的形成具有关键作用。具备这些知识和能力的个体更容易理解和接受不同的文化现象，更能在文化参与中找到自我实现的方式，从而提高自身的文化资本。

二、人力资本理论的主要观点

（一）人力资本的作用大于物质资本的作用

相比于物质资本，人力资本的优势在于其无形性和流动性。人力资本是以人的知识、技能、经验等形式存在的，不会因为地理位置的改变而有所损耗或贬值。反之，随着个人的不断学习和成长，人力资本会持续累积。比如，一位专业技能娴熟的工程师，无论在哪里工作，他的专业技能都可以用来解决问题、提高效率，而物质资本，如设备和原料，却不能自我积累。人力资本的成长性和可塑性也使其成为驱动经济社会发展的重要力量。人力资本可以通过教育、培训、实践等方式不断积累，从而适应不断变化的经济社会需求。例如，随着科技进步和产业升级，社会对高技能人才的需求在增加。这就需要个体通过学习和培训等方式提升自身的人力资本，以满足新的职业需求，而物质资本，如机器设备，其价值和功能受到固有属性的限制，不能随着环境的变化而自我提升。

在现代化的生产条件下，劳动生产率的大幅提升正是人力资本不断增长的结果。从另一个角度来看，生产技术的提升也是人们在社会实践的基础上，充分发挥主观能动性，进行科技创新的结果。第二次世界大战以后，一些国家在废墟上迎来了经济的迅速发展，这正是重视人力资本投资的结果。这些国家重视教育，不断增加对教育的投入，使得自身的人才储备跟上了世界科技发展的脚步，为经济的迅速腾飞打下了坚实的人才基础。德国和日本就是很好的例子。

当然，人力资本与物质资本是资本最重要的两个构成要素，经济的增长是人力资本与物质资本共同作用的结果，二者相互促进，缺一不可，共同保证经济的健康、可持续发展。

（二）人口质量重于人口数量

人力资本主要包括两方面的内容：一是人口数量，人口数量多显然能为国家的发展提供更多的人力资源，贡献更多的建设力量；二是人口质量，即人口的素质，包括知识与能力素养、综合素质等。知识与能力素养指的是人们受教育的程度，具备的知识量、知识与能力结构等。

虽然人口数量与人口质量均是人力资本的重要表现形式，但是在人力资本理论中二者的地位是不同的，相较于人口数量，人口质量更加重要。在农业社会，人口数量对国家的发展具有显著的积极作用，这是因为农业社会的生产工具相对落后，人们创造价值的能力也有限，体力劳动对社会生产的促进作用十分明显。比如，古代强大的文明往往是"大河文明"，这是因为河流带来的肥沃的土地与良好的灌溉条件能够养育更多的人口，而大量的人口可以进一步促进农业的发展，或者在资源争夺中取得优势，进而形成强大的文明。在工业革命之前，即便是生产工具进行了改良，其对生产力的推动作用也是有限的，因此，在很长的一段时间内，人口数量是农业社会发展的重要影响因素。

人口质量决定了一个国家或地区的人力资本水平。人口质量的高低通常体现在受教育水平、健康状况、技能水平等方面。人口质量高,通常意味着人们具有更高的受教育水平和专业技能,能够更有效地利用资源,提高生产效率,推动经济发展。相反,如果一个国家或地区的人口数量多,但人口质量低,那么其经济发展仍会受到限制。人口质量高也有利于社会的长期发展。在知识经济时代,知识和技能成为推动经济社会发展的重要因素。高质量的人口可以通过终身学习,不断提升知识和技能,适应社会经济的变化,从而保持竞争力,而且,高质量的人口更有可能培养出高质量的下一代,从而形成良性循环,推动社会的持续发展。相反,如果一个国家或地区只注重人口数量的增长,而忽视人口质量的提升,那么其社会发展可能会面临挑战。

人类迈入工业社会乃至信息化社会后,知识与科技的发展在很大程度上改善了生产工具与生产方式,并对生产力的发展产生极大的促进作用。同时,对生产者的知识与能力素质提出了更高的要求,因此,高素质人才成为推动社会发展的重要力量,劳动力素质成为社会生产力发展的首要推动力。

当今时代,创新已经成为发展的首要驱动力,社会发展对人才素质提出了更高的要求,不仅需要人才具备完善的知识结构与较强的实践能力,还需要人才具备较强的创新能力与较高的综合素质。创新实践的主体是高素质创新型人才,因此,人口素质的提升、高素质人才的培养是创新的重要源泉,是提升生产力水平的重要前提。可以说,只有数量没有质量的人力资源难以对经济发展起到显著的促进作用,高素质的创新型人才是当今时代最为珍贵的人力资本类型。工匠精神育人的重要目标之一就是提升人口质量,为新时代中国特色社会主义现代化建设提供源源不断的高素质人才。

(三)人力资本投资的核心是教育投资

人力资本理论认为,人的知识、技能、健康等因素是经济增长和社会发展的重要驱动力。其中,教育投资是人力资本投资的核心,因为教育对人力资本的形成起着关键作用。高素质人才不是与生俱来的,而是后天培养的,需要不同人才培养主体投入大量资源才能实现。在当今时代，人力资本投资最常见最有效的方式就是教育投资。纵观世界，绝大部分国家对教育非常重视。不同国家和地区的人们在先天素质上并无较大差异，但由于后天教育条件的不同，人口素质之间的差距就会逐渐显现，最终造成不同国家和地区之间发展差距的扩大。

教育能够提升人的知识和技能水平。通过教育，人们可以学习和掌握各种知识和技能，提高竞争力。在知识经济时代，知识和技能的重要性得到进一步增强。受教育水平更高的人群往往能更好地适应经济社会的变化，具有更强的创新能力和竞争力。因此，教育投资能够有效提升人力资本水平，从而推动经济增长。教育也能够改变人的行为和态度，对人的全面发展起到重要作用。教育不仅可以传授知识和技能，还可以塑造人的价值观、态度和行为习惯。通过教育，人们可以学习和理解社会规则，培养良好的道德品质和社会责任感，这对促进社会稳定与和谐具有重要意义。教育还能够提高人的自我认知能力，帮助人们更好地理解自我，发现自我，实现自我价值，这对人的全面发展也是至关重要的。

教育投资具有一定的滞后性，相比于经济效益，教育主体更加注重社会效益。十年树木，百年树人，人才培养需要投入大量的资源，且人才的成长需要一定的时间，在人才进入社会之前的很长一段时间内，难以为社会带来显著的经济效益。但从长远的眼光来看，相对于短期的物质投资，教育投资的回报要远高于物质投资，这也是人力资本的作用大于物质资本的作用的体现。[①] 人才具有创造价值的能力，这是物质投资难以比拟的，特别是高素质的创新型人才，更能在很大程度上推动社会发展。

人是实践的主体，是社会精神财富与物质财富的创造者，因此，加大教育投资力度，提升人们的素质，是推进社会发展最为根本的路径。

---

① 崔静静，龙娜娜，房敏，等.新时代地方本科院校"双师型"教师队伍建设研究 [M]. 北京：冶金工业出版社，2020：41–42.

三、人力资本投资形式

人力资本投资的形式有多种，从纵向看，涵盖个体成长过程中为丰富知识、提升技能所进行的各项投资；从横向看，包括个体为创造更多价值进行的一系列投资。具体来看，人力资本投资形式主要包括以下几个方面。

（一）教育投资

教育投资是人力资本投资的核心组成部分，是人力资本形成的最主要途径。教育投资指的是付出一定的成本来获得正规、系统的学校教育机会。教育对人力资本的促进作用主要表现在以下几个方面。

1. 丰富个体的科学文化知识，提升个体的技术水平

首先，教育投资有助于丰富个体的科学文化知识。科学文化知识不仅是人们理解世界、解决问题的工具，也是人们进行创新、发展个人潜力的基础。通过学习科学文化知识，个体的认知能力会得到提高，会更好地理解世界、理解自我，更有能力应对社会的变化和挑战。这对个体的发展，尤其是在知识经济和信息社会中的发展，具有重要的意义。其次，教育投资有助于提升个体的技术水平。技术水平直接影响个体的工作效率和工作质量，也是实现就业和发展的关键因素。通过学习新的技术，个体可以更好地适应工作的需求。这不仅可以提高他们的经济收入，也可以提高他们的生活质量。

2. 提升个体的思维能力

教育是智育的主要方式，教育不仅能传授科学文化知识与专业技能，还能通过教学活动锻炼个体的思维能力，从而帮助个体更好地应对形形色色的问题。即使个体没有在学习的过程中接触具体的问题，也能根据掌握的知识与技能，充分发挥主观能动性，调动思维能力去应对和解决问题。此外，教育还能培养个体的自主学习能力和创造性思维能力，这两种能力都是提升个体素质所必不可少的。

3. 提高个体的道德水平

教育不仅具有智育的功能，还有德育与美育的功能。德育的核心是提升个体的思想道德素养，美育的核心是提升个体的综合审美素养。无论是德育还是美育，都崇尚高尚的、道德的、美的事物，这既是教育的目的，也是教育开展的途径。教育投资可以使个体在系统学习知识与技能的同时，提高道德水平。由此也可以看出，教育投资是人力资本投资最核心的部分。①

（二）健康投资

健康投资作为人力资本投资的重要组成部分，主要体现在健康生活方式的培养、预防性医疗保健以及治疗性医疗保健等方面。这类投资不仅关乎个体的身体健康，也涉及其精神状态和生活质量。在一定程度上，健康投资为个体提供了一种保障，使其更有能力应对各种健康风险。

首先，健康投资有助于提升人们的生产能力。良好的健康状况不仅可以提高人们的工作效率，还可以提高人们的工作质量。当人们处于良好的身体和精神状态时，思维会更为敏锐，决策更为准确，行动更为迅速。反之，如果人们的健康状况较差，工作效率和质量可能会大打折扣。其次，健康投资有助于延长人们的工作寿命。良好的健康状况可以帮助人们抵抗各种疾病，减少因健康问题导致的工作中断或者提早退休。这对个人的收入和生活质量及社会的生产效率和经济发展，都具有重要的意义。最后，健康投资还与人们的学习和发展密切相关。健康的身体和清晰的思维是学习的重要基础。如果身体状况较差，人们就无法集中精力学习，甚至可能无法参加学习活动。反之，如果健康状况良好，人们的学习能力和效率会得到较大提高。

健康投资的方式有多种，包括定期体检、养成良好的饮食和睡眠习惯、适量参加体育活动等。虽然健康投资需要人们的长期坚持和积极参与，但它的回报是显而易见的。值得一提的是，当今时代，健康的标准不仅包括拥有

---

① 崔静静，龙娜娜，房敏，等. 新时代地方本科院校"双师型"教师队伍建设研究 [M]. 北京：冶金工业出版社，2020：41-42.

一个强健的体魄，还包括拥有健康的精神，即保持心理健康，因此，健康投资还要重视对良好心理健康状态的塑造与维护。

（三）职业培训

职业培训作为一种社会组织的教育投资，是学校教育的重要补充。这种培训的主要目的是提升个体的实践技能和综合素养，使个体能够更好地开展生产活动，从而创造更多的价值。职业培训可以根据个体的具体需求，提供更为专业、实用的知识和技能，以满足工作岗位的特定要求。与学校教育相比，职业培训具有更强的目标指向性和实践性。在职业培训中，个体可以根据自己的职业需求选择合适的培训课程，且这些课程通常由企业或培训机构组织，这些组织对工作岗位的需求和职业技能的要求有着深入的了解，因此能够提供与工作岗位密切相关的培训课程。

另外，工作经验和在职学习也是人力资本投资的重要形式。通过工作经验，个体可以更好地了解工作环境，熟悉工作流程，掌握工作技巧，从而提升工作能力和效率。通过在职学习，个体可以不断地更新知识和技能，跟上技术和行业的发展步伐，从而保持竞争力。

（四）迁移投资

迁移投资是劳动力出于获取更多的利益、提升收入水平或满足自身偏好的目的，从一个地方或者产业转移到另外一个地方或者产业所付出的成本或投资。迁移投资同样是广泛存在于生产生活中的一种人力资本投资形式。人们的工作场所并非固定的，而是随着工作需求或工作内容而不断变化的，特别是在生产资源与经营活动在大范围内进行配置、交通发达、人口流动量大的今天，人们为工作进行地域迁移的频次越发增加，迁移成本也不断提升。生产活动出现生产要素空间分布不合理的现象，会在很大程度上影响生产质量与效率。比如，许多人工作与生活的地点并不在一个城市，每天的通勤费用就属于迁移投资。又如，大量的人集中在经济发展水平较高的大城市，房屋租赁费用实质上也属于人力迁移投资。

迁移投资不是一种对生产要素的直接投资，不能对生产要素产生直接的提升作用，但劳动力的流动能够优化社会各产业之间的人力资本配置，进而提升劳动生产率，产生更大的价值，因此，迁移投资也是人力资本投资的形式之一。①

四、人力资本理论的作用

（一）阐明教育投资的价值

从人力资本理论的视角来看，教育投资是一种高回报的人力资本投资形式，对人力资本的提升起着至关重要的作用。从个体角度来看，教育投资能够为个体提供必要的知识和技能，使之具备在职场竞争中获得优势的能力，由此提高其市场价值。这种投资通常会以工资上涨、职业晋升等形式体现出来。受教育程度越高，个体收益增长越明显。即使在面临经济环境波动的时候，具备较高人力资本的个体也会相对稳定，更能轻松应对挑战。

从社会角度来看，教育投资能够增加社会的人力资本储备，优化人力资本结构，提高整体的生产效率。一个教育水平较高的社会，将更有可能培养出创新能力强、适应性强、解决复杂问题能力强的人才，从而推动社会经济发展，这种发展的效益一般并非短期内可见，而是在长期内逐渐体现，且对社会经济发展的正向影响会随着时间的推移不断增大。教育投资还能够在减少贫困、提高社会福利、促进社会公平等方面发挥关键作用，因此，教育投资并非单纯的费用支出，而是一种对社会有长远积极影响的投资。这也正是各国政府高度重视教育投资，将其视为推动社会经济发展的重要手段之一的原因。

（二）指导教育政策制定

人力资本理论为教育政策的制定提供了重要的理论指导。它揭示了教育

---

① 孟习贞，田松青.经济发展解读[M].扬州：广陵书社，2019：182–183.

投资在经济社会发展中的关键地位，使相关主体明白，对教育的投入不仅是费用开销，更是一种能够带来长期收益的投资。教育不仅能够提高个体的生活水平和工作能力，还能够为社会经济的健康发展提供关键支持。

对政府而言，人力资本理论强调了教育在社会经济发展中的关键作用，进而明确了自身在教育投资上的责任。教育投资不仅能够提高社会生产力，促进经济增长，更能够为促进社会公平做出贡献。因此，政府应当积极投资教育，优化教育体系，从而提高人力资本的整体水平。人力资本理论也能够为教育资源分配提供指导。教育资源的合理分配是实现教育公平、提高教育效率的关键。根据该理论，相关主体应当将教育资源投向更能够带来回报的领域。例如，早期教育投入能够在长期内带来显著收益，而对弱势群体的教育投入也能够带来巨大的社会收益，因此，应当加大对这些领域的投入力度。人力资本理论还为推动教育公平提供了理论支持。教育公平是社会公平的重要组成部分，也是实现社会稳定、和谐发展的关键。人力资本理论认为，加大教育投资可以提高人力资本质量，从根本上推动国家经济的转型升级，促进经济可持续发展。因此，制定公平、有效的教育投资政策是实现教育公平、提高社会整体人力资本的有效途径。

（三）为人力资源管理提供指导

人力资本理论为人力资源管理提供了理论指导，人力资源不仅是企业运作的一部分，而且是企业价值创造的重要源泉。与其他形式的资本相比，人力资本具有独特的重要性，因为它蕴含知识、技能、创新能力等元素，而这些是企业提升竞争力、实现可持续发展的关键。

人力资本理论为人才培养提供了指导。这一理论强调了知识、技能和经验在企业价值创造中的重要性，使企业更加注重对员工的培训和发展。企业应当定期进行人力资源需求分析，制订相应的人才发展计划，通过职业培训、举办职业大赛等方式提升员工的技能水平，以满足企业发展的需求。人力资本理论还强调了人才引进和人才维系的重要性。企业在经营管理的过程中应当充分认识人才的重要性，尤其是核心人才的价值，并在人才引进和人才维系上投入相应的资源。在人才引进方面，企业应当关注行业内的人才动态，根据企业战略和发展目标，积极引进符合企业需求的人才。在人才维系方面，企业应当通过建立公平的薪酬体系；提供良好的工作环境；实施有效的激励机制等方式，提高员工的满意度和忠诚度，留住关键人才。

（四）引导个体发展规划

人力资本理论不仅对社会发展具有重要的指导作用，还对个体的成长与发展及个体自身价值的实现具有非常重要的指导意义。对于个体而言，人力资本理论开阔了其对自我发展和生涯规划的视野，个体将更有意识地对自身的知识、技能和能力进行投资，因为这些将直接影响其职业生涯和生活质量。人力资本理论的应用使得个体的学习和发展不再局限于学校教育，而是延伸到工作、生活等各个方面，从而促进终身学习和自我提升。

人力资本理论能够使个体认识到自我提升的重要性。无论是形式教育、职业培训还是自我学习，均为投资的一部分，旨在丰富个体的知识，提高个体的技能，鼓励个体保持学习和进步的热情，从而使他们能够主动适应社会的变化，保持竞争力。通过学习，个体不仅可以提高自身的技能水平，而且可以增强自我满足感。

人力资本理论对个体的职业生涯规划同样具有重要的指导意义。该理论强调，投资人力资本可以带来长期的回报，这使得个体在规划自己的职业生涯时更加注重长远发展，而不是短期利益；更加重视对教育和培训的投资，更愿意花时间和精力提高自身的技能和素质。同时，人力资本理论强调灵活性和适应性，这使得个体在规划职业生涯时更重视如何适应社会的变化，把握自己的发展机会。

第二节 "以人为本"教育理论

一、"以人为本"教育理论的理论支撑

（一）马克思主义哲学思想

与传统哲学理念中强调"抽象的人"不同，马克思主义认为人在本质上来说是一切社会关系的总和。"现实的人"这一概念是马克思历史唯物主义研究的出发点和归宿点。马克思定义"现实的人"是以物质生产活动为基础的，处于一定历史条件下，在一定社会关系中从事生产实践活动的，有思想、观念和意识的个人。

作为马克思理论重要的组成部分，历史唯物主义揭示了人类社会发展的一般规律，强调了人民群众在人类历史发展进程中的主体地位。人民群众是社会历史的创造者，是所有物质财富与精神财富的创造者，是促进社会变革的主要力量。

人是实践的主体，也是发展的根本目的，还是发展的根本动力，以人为本中的"人"，指的是广大人民群众，既不是抽象的人，也不是某个人、某些人，发展需要依靠人民群众，发展同样需要为了人民群众。历史唯物主义认为，历史是人民群众创造的，也只有人民群众才是创造历史的根本动力，因此，在开展实践时，要充分认识人民群众的重要性，始终站在最广大人民的立场上，代表最广大人民的根本利益。具体到社会发展的各领域，"以人为本"中的人，则是指发展的主体，如在教育领域，"以人为本"就是以学生为本。

马克思主义强调人的发展应该是自由、和谐、充分的发展，人是社会的人，人的发展与社会的发展紧密相连，两者互为发展条件。人是社会实践的主体，人在已有实践条件的基础上充分发挥主观能动性，不断进行创造性

实践，在实现自我发展的同时，推动着社会不断向前发展，而社会的发展又为人的发展创造了新的实践条件。在社会实践中，人既被社会现实塑造，又在社会发展中不断实现自身的发展。在人与社会构成的社会共同体中，社会也处于持续发展状态，由简单性向复杂性发展，由单一性向多元性发展。因此，人是建设社会和实现目标的决定性因素，社会中一切工作的开展都需要以人为中心。坚持以人为本的理念，促进人的全面发展，是推动社会进步的根本条件。

二十大报告再次强调了以人民为中心的重要性，强调要坚持以人民为中心的发展思想。维护人民根本利益，增进民生福祉，不断实现发展为了人民、发展依靠人民、发展成果由人民共享，让现代化建设成果更多更公平惠及全体人民。具体到教学活动中，以人为本就是要重视教学活动主体作用的发挥，就是以学生为本。

（二）因材施教理论

因材施教指的是教师在教学过程中，根据学生不同的认知水平、学习能力、性格特点及生活环境，有针对性地选择不同的教学方法进行教学。因材施教是"以人为本"理念在教学实践中的鲜明体现，是一种尊重学生个性化发展的教学理念，不但重视学生知识的积累，同时重视对学生自主学习能力的培养和提升，强调要根据学生的特点因势利导，引导学生充分开发自己的潜能，进行创造性实践。

具体到工匠精神的培育，因材施教理论要求教育工作者全面、深入地了解每个学习者，正视他们之间的差异，同时充分发挥自身的主观能动性，灵活采用不同的教学方法，实施个性化的教学与管理。只有这样才能确保每个学习者能有效地参与工匠精神的培育。

在实践中，教育工作者需要根据每个学习者的特点，结合其从事的专业技术领域，制订符合其发展需要的培养计划，安排好每个教学环节，采用合适的管理方式，在教授学习者专业技术知识与技能的同时，注意培养他们的创新思维，鼓励他们勇于实践、敢于挑战，使他们在体验中不断提升自我。

工匠精神的培育，不仅需要学习者具有扎实的专业技术基础，更需要他们具有敬业、坚忍不拔的职业精神，以及对工作的热爱和追求。因此，教育工作者需要通过实践性、体验性的教学方式，引导学习者体验工匠精神的实际意义，了解工匠精神对个人发展及社会发展的重要性。这也要求教育工作者在教学中融入情感教育，让学习者对工匠精神产生深深的情感认同，从而增强学习者的学习动机，提升学习效果。

工匠精神的培育还需要教育工作者具有高度的敬业精神和责任感。他们不仅要传授专业知识，更要通过自己的言行影响和感染学习者，使学习者在实际工作中积极发扬和实践工匠精神，为我国的经济社会发展贡献力量。

（三）人本主义学习理论及其应用

1. 人本主义心理学的内涵

人本主义心理学兴起于20世纪五六十年代，以亚伯拉罕·马斯洛（Abraham H. Maslow）和卡尔·罗杰斯（Carl R. Rogers）为主要代表人物，是心理学的重要流派，强调人的自我实现。人本主义既反对只针对人类行为进行研究的行为主义，也不认同弗洛伊德只研究人类精神和心理问题的行为，因此被称为心理学的第三势力。人本主义将研究的落脚点放在人的成长与正向的心理发展上，同时汲取了哲学中存在主义的部分思想，强调自由的重要性与人生价值的意义。

人类的需要多种多样，而各种需要之间有高低层次之分，由不同需要形成的动机将决定人类的行为，进而影响个体发展的境界。马斯洛将个体的需求划分为五个层次，后来又扩大到八个层次，主要包括生理需要、安全需要、归属与爱的需要、尊重需要、认知需要、审美需要、自我实现需要以及更进一步的超越需要。

2. 人本主义学习理论的内涵

人本主义学习理论既强调人的发展、情感、态度等对教学的影响，也强调学习者在教学过程中的主体地位，还强调学习过程与学习者的发展。

人本主义学习理论从学习者自我实现的角度考察教学活动，认为知识学习是服务于学习者个人发展的，教育的目的是帮助学生学会学习，将学习本身抽象为一种品质，这种品质可以帮助学习者树立正确的学习理念，探寻合适的学习方法，实现个人的全面发展。因此，在教学实践中，教师不能将学生简单地当作教学对象，而应将学生视为谋求发展的个体，是教学活动的重要参与者。

人本主义学习理论强调，人类的情感与认知是不可分割的，教学的目标是促进人躯体、情感、知识、精神的全面发展。该理论主张以学习者为中心开展教学活动，促进学习者自主学习能力的提升，鼓励学习者不断追求自我发展与自我实现。罗杰斯对教学活动还有更为详细的阐述，包括以下五点。

（1）教学活动的主要目标之一就是激发学习者的潜能，因此，教师在教学过程中应该为学生营造良好的学习氛围，在传授知识的同时，帮助学习者加深对自我的理解。

（2）学习者拥有选择教材的自主权，好的教材应该贴合学习者的实际生活；符合学习者的发展意向；切合学习者的能力水平。

（3）教师在教学过程中，应注意观察学习者的内心感受与情感变化，帮助学习者建立有效的沟通渠道，及时发现学习者由各种因素引起的心理问题并提供心理辅导与帮助。

（4）在实践中培养学习者的学习兴趣，注重提升学习者的自主学习能力。

（5）鼓励学习者积极参与社会活动，培养并提升自我求知能力。

3. 人本主义学习理论的主要观点

（1）强调学习者的主体地位。人本主义学习理论强调学习者自主学习意识的培养与自主学习能力的提升。该理论认为，在教学过程中，教师应该重视培养学习者的自主思想，鼓励学习者在学习和探索知识时充分发挥主观能动性，分析自身的学习特点与学习现状，根据自身的学习需求制订学习计划，选择适合自己的学习方法，跟进自己的学习进程，总结分析自己的学习成果，反思自己在学习中存在的问题。学习者是学习的主体，应当在教师的帮助下，通过建构知识内容，实现自我发展与提升。

（2）关注学习者的内心世界。人本主义着重讨论"人"的概念和意义，认为"人"是研究和理解人类社会与人类思维的基础，人本主义学习理论同样重视学习者的内心世界对教学的影响，认为学习是学习者的主观行为，在教学中应当将学习者的认知、情感、动机等主观因素放在十分重要的位置。人本主义学习理论反对行为主义将人当成动物进行简单的行为分析，也反对弗洛伊德将对特殊群体的研究成果应用到普通人身上，强调促进人的正向发展，认为教育者应该更多地了解学习者的内心世界，根据学习者的兴趣、认知、情感、动机等因素调整教学方式，培养学习者的自主学习意识，增强学习者的自主学习能力。[①]

（3）重视学习者潜力的开发。人本主义学习理论认为，人的潜力就像一粒种子，可以绽放出自我实现的花朵，教育就像阳光、水分和土壤，为种子的发芽生长提供适宜的环境，因此，教育的任务就是挖掘学习者的潜在能力。这就要求在教学中，教育者要充分了解学习者的能力水平、智力结构、学习特点、个性差异等，针对学习者的特点有针对性地选择教学方式，创设教学情境，教学方法既要在整体上统筹兼顾，又要兼顾个体，因人而异，帮助学习者实现自我发展。

（4）促进学习者的全面发展。人本主义学习理论认为，教育的理想目标是帮助学习者成为全面发展的人。人本主义学习理论不仅重视学习者对知识的掌握和自我学习能力的发展，还重视学习者自我修养的形成，强调通过丰富多彩、形式多样的课堂设计，为学习者营造平等、自由、和谐、民主的学习氛围，帮助其更好地融入集体，通过与其他学习者的良性互动，实现共同进步。学习者在学习过程中既要探索和掌握具体的知识、培养和提升自主学习能力，还要形成能适应社会环境变化、在变化中谋发展的个人品质。[②]

① 张晓青.唤醒教育[M].北京：中国商务出版社，2020：125–128.
② 王保中.本真学习的构想：兼议代表性典型学习理论[M].哈尔滨：哈尔滨出版社，2021：41–45.

二、"以人为本"教育理论在工匠精神培育中的体现

(一)尊重学生的个体差异

尊重学生的个体差异,是"以人为本"理念的重要内容。其基本观点是:每个学生都是一个独特的个体,具有不同的性格特征、知识基础、学习兴趣、认知方式和生活经历,因此,其对学习的需求和方式也会有所不同。教育者应该尊重和认可这种差异,并为每个学生提供适合的教育方式和环境,而非按照统一的标准和方式教育所有的学生。

在工匠精神的培育中,尊重学生的个体差异尤为重要。工匠精神是一种追求卓越、精益求精的职业精神,其培养既需要技能的提升,也需要软实力的提升,而每个学生在这两方面的优势和兴趣可能会有所不同。因此,教育者需要根据每个学生的特点和需求,提供个性化的指导和支持。例如,对具有强烈探索精神和动手能力的学生,可以提供更多的实践机会,让他们在动手操作中提升技艺和问题解决能力;对具有良好艺术天赋和创新思维的学生,可以引导他们从多元化的角度理解和领会工匠精神,激发他们的创新潜力。

尊重学生个体差异还要求教育者充分认识到,每个学生的发展速度和路径也可能不同。一些学生可能在某一阶段的学习中出现困难,但这并不意味着他们没有掌握具体技艺的潜力,教育者需要耐心引导,鼓励他们以积极的态度面对困难,持之以恒地进行学习和实践,以激发他们内在的潜能,帮助他们找到适合自己的学习方式和发展路径,真正做到"以人为本"。

(二)倡导实践学习

"以人为本"的教育理论强调实践学习的重要性,认为学生通过参与各种实践活动,可以更好地理解和掌握理论知识。因此,教育的目标不仅是传授知识,更是培养学生的能力和素质,使他们能够在实际生活和工作中运用所学知识解决问题。

在工匠精神的培育中,实践学习的重要性被进一步凸显。工匠精神强调通过反复锤炼和磨砺来提升技艺和创新能力。教育者需要引导学生参与实际

操作，让学生在动手中理解工艺原理，掌握操作技巧，感受技艺魅力，以此培养对技艺的热爱和尊重，激发追求卓越的动力。具体而言，教育者可以设计各种实践活动，如操作练习、项目制作、实地考察等，让学生在亲身体验中感受工匠精神。在这个过程中，学生不仅可以学习和掌握实际操作技巧，也可以培养创新思维和问题解决能力，提升自主学习和合作交流能力。这样的教学方式符合学生的学习需求，有助于他们的全面发展。

倡导实践学习也有利于提高工匠精神培育的实效性。与传统的教学方式相比，实践学习更能吸引学生的兴趣，激发他们的学习积极性，使他们更愿意投入学习中。同时，通过实际操作，学生可以直观地看到自己的进步，从而增强学习动力和自信心、满足感。这样的学习方式更符合"以人为本"的教育理论，更有利于实现个性化和人性化教育，使教育真正为学生的发展服务。

（三）注重思想道德教育

"以人为本"的教育理论强调，教育不只是教授学生知识和技能，更重要的是培养学生的道德品质、情感态度和价值观念。因此，教育应关注学生的全面发展，注重思想道德教育，使其成为具有良好品德、健康情感、积极态度和正确价值观的人。这样的教育既符合学生的发展需求，也符合社会的期待。

工匠精神倡导的追求卓越、精益求精的职业态度，需要从道德、情感、态度等多个维度进行培养。教育者需要引导学生理解和接纳这种职业态度，让他们在尊重和热爱技艺的同时，树立正确的职业道德和价值观，形成积极向上的人生态度和追求。在教学中，教育者可以通过故事讲述、案例分析、角色扮演等方式，让学生了解和感受工匠精神。在这个过程中，学生不仅可以学习到技艺知识和技能，更可以感受到工匠的职业热情和职业骄傲，从而培养自己的职业道德和职业精神。同时，通过反思和讨论，学生可以深入理解工匠精神的内涵和价值，形成对技艺的尊重和热爱、对卓越的追求和执着。

注重思想道德教育也有利于提高教育质量。与其他专业课教学相比，思想道德教育更能触动学生的内心，激发他们的情感和意愿，使他们更愿意接受和遵循教育的导向。同时，通过思想道德教育，学生可以在理解和掌握知识的同时，培养良好的人格特质和增强社会责任感，这对他们的个人发展和社会适应有着重要的影响。这更符合"以人为本"的教育理论，更有利于实现人性化教育，使教育真正服务人的全面发展。

（四）重视学生综合素质的提升

重视学生综合素质的提升既是时代的要求，也是"以人为本"教育理论在工匠精神培育上的体现。对于学生来说，自我发展与个人价值的实现是其接受教育的重要目的，而素质教育改革与全面发展理论均强调学生综合素质的提升。

在工匠精神培育的过程中贯彻"以人为本"教育理论，必须重视学生综合素质的提升。工匠精神对学生综合素质的提升具有重要的促进作用，通过参与各种技术实践活动，学生可以提升专业技能，增强创新能力、实践能力及解决实际问题的能力。技术实践能力是学生综合素质的重要组成部分，并对他们的学习和未来职业生涯起着重要的推动作用。

工匠精神培育为学生之间的交流互动提供了机会，通过参与团队项目和比赛，学生可以培养团队合作能力、领导才能和人际交往技巧，从而增强社交能力和团队精神，扩大人际关系网。参与技术实践活动需要学生制订计划、管理时间和优化资源，这有利于培养学生的自我管理能力和责任感。技术实践活动还为学生提供了解决实际问题的途径，这有助于培养学生的问题解决能力，增强他们的实际操作能力。工匠精神倡导公平竞争和团队合作，在技术实践活动的开展过程中，学生与人合作，能够学会尊重他人、遵守规则和公正待人，培养良好的职业道德和职业习惯。工匠精神涉及多种技能和知识领域，如技术技能、战略规划、项目管理等，学生通过技术实践活动可以培养跨学科的综合能力，提升在不同领域的适应能力和综合素质。

因此，在工匠精神的培育中贯彻"以人为本"教育理论，促进学生综合素质的提升，就是要以学生为本，重视发挥技术实践活动在上述这些方面的功能。

第三节　能力本位教育理论

一、能力本位教育理论的提出与具体内容

（一）能力本位教育理论的提出

能力本位教育理论是一种以能力培养为中心的教育观论，强调教育应该关注学生在知识、技能、素质、态度等各方面的全面发展，以培养具备综合素质和应对实际问题能力的人才。能力本位教育理论主张在教学过程中，既要注重学生知识体系的建构，又要关注学生能力的形成和提升。为实现这一目标，教育者需要进行课程体系改革、教学方法创新和评价体系优化等多方面的努力。

能力本位教育指的是围绕具体工作岗位要求的知识、技能与能力组织课程与教学体系。能力本位教育源于 20 世纪 60 年代北美地区的师范教育改革。1967 年，能力本位教育被提出来，以取代传统学科培养教师的师范教育方案。

能力本位教育理论是从技术工人再培训的过程中总结衍生而来的，因此非常适用于应用型人才培养，在其提出后不久，就被逐渐运用于职业教育与职业培训中，并被广泛传播到世界各地。在职业教育中，能力本位教育理论强调对学生职业能力的培养，倡导在教学实践中使用灵活、多样的教学方式，不再将具体的学科知识和学历水平作为培养学生的核心，而是重视学生的实践训练和创新能力培养。工匠精神的培育针对的主要人群就是应用型人才，因此，能力本位教育理论与工匠精神培育之间具有极高的契合度。应用型人才工匠精神的培育是基于其扎实的技能体系的，也只有以较强的实践能力为基础，才能确保工匠精神的贯彻与落实。

（二）能力本位教育理论的具体内容

能力本位教育理论是一种以能力为出发点和目标的教育理论。它以全面分析职业角色活动为出发点，以培养产业界和社会对培训对象履行岗位职责所需要的能力为基本原则，这同时也是能力本位教育理论的价值基础和起点。

1. 重视能力培养

能力本位教育理论强调，为了满足现代社会的复杂需求，教育不仅要注重知识的传授，更要注重实际能力的培养，因此将学生能力培养置于教育的核心地位。这一特征表现在教育者对学生知识、技能、态度、价值观等的全面关注，以培养具备现代职业素养和社会责任感的高素质人才上。

从育人内容的角度来看，首先，能力本位教育理论强调知识的重要性，但不将知识传授作为教育的唯一目标。教育者需要在教学过程中关注学生对知识的掌握程度，同时将知识与实际应用相结合，帮助学生形成系统的知识体系。通过将知识与实际场景相结合，学生能更好地理解和运用所学知识，提升分析和解决问题的能力。其次，能力本位教育理论强调实践技能的培养。教育者需要通过各种实践活动，如实验、实习、项目等，使学生在实践中不断提高技能水平。同时，教育者要关注学生跨学科、跨领域综合素质的培养，提高学生在复杂问题中应用多种技能的能力。最后，能力本位教育理论强调学生态度和价值观的培养。教育者应在教学过程中关注学生的情感和态度变化，引导学生树立正确的价值观，培养学生的社会责任感、合作精神和创新意识。对学生情感、态度、价值观的关注，有利于教育者培养出具有健全人格和优秀品质的新时代人才。

从具体能力的角度来看，职业技能是能力本位教育理论中的重要一环。现代社会知识更新的速度极快，仅仅依赖学校教育提供的知识往往难以应对职场的挑战。因此，教育者需要帮助学生掌握一种或多种职业技能，这不仅可以增强学生的就业竞争力，也可以为他们未来的职业生涯提供更多可能性。能力本位教育理论认为，学生解决问题的能力也是教育应重点培养的。

现代社会的问题往往具有复杂性和不确定性，需要学生能够运用所学知识，结合实际情况进行创新性思考。教育者应提供适当的问题场景，引导学生进行探究和实践，帮助他们掌握解决问题的策略和方法。团队合作能力是现代社会中不可或缺的一种能力。在复杂的工作环境中，团队合作能力可以帮助个人更好地融入团队，共同解决问题，达成目标。教育者应该通过组织各种团队活动，培养学生的团队合作精神和能力，提高他们的社交能力和团队协作能力。适应环境变化的能力是个体在现代社会中生存和发展的重要能力。面对社会的快速变化，个体需要有足够的灵活性和适应性，才能快速适应不同的环境。教育者应该通过组织多元化的教学活动，帮助学生提高对新环境的适应能力，培养他们的生存能力和竞争力。

当然，对能力培养的重视最重要的还是体现在教学评价上，能力本位教育理论强调，教学效果的评价应以学生的能力发展为主要依据。知识掌握程度并不能全面反映学生的能力发展，因此能力本位教育理论重视对学生能力表现的评价，这更有利于激发学生的学习积极性和主动性，促进他们的能力发展。

2. 强调学生的主体地位

能力本位教育理论强调学生在学习过程中的主体地位和主动性，重视培养学生主动学习、独立思考、解决问题的能力。对学生主体地位的强调，有利于学生从被动接受知识的对象转变为主动寻求知识的主体，将自己的想法和理解融入学习过程，从而形成更深刻、更具个性化的认识。

在能力本位教育理论的指导下，课堂教学模式需要有所改变，教师的角色应从传统的"讲授者"变为"引导者""协助者"，主要职责是引导和激励学生主动学习，而不是简单地传授知识。在实践教学中，教学方式应更加注重实践和体验，学生通过实际操作获得直接的学习经验，有助于对知识的理解和应用，同时能提高他们解决实际问题的能力。相应的，基于能力本位教育理论的人才培养评估方式也随着人才培养模式的变化而变化，更多地强调对学生实际能力的考核，而不仅是对知识掌握程度的考查。例如，通过项目作品、实践表现、团队协作等方式，对学生的综合能力进行评估。这种评估方式不仅能更真实、更全面地反映学生的学习情况，也能激发学生的学习兴趣和积极性，使他们更有信心和动力去学习。

能力本位教育理论强调学生的主体地位还体现在其重视对每个学生独特的才能和潜力的培养上。每个学生都是不同的，有着自己的个性和学习方式，因此，应当对学生进行个性化和差异化教学，这样才能最大限度地发挥潜能。在这个理念的指导下，教育变传统的"填鸭式"为尊重学生的个性，允许并鼓励他们按照自己的方式和速度去学习。教师的角色也从传统的"教"变为"引导"，他们的职责更多的是激发和引导学生的兴趣，帮助学生发现和解决问题。这种教育方式能够使学生在学习中发挥主动性和创造性，更加深入地理解和掌握知识。同时，这种教育方式尊重学生的独特性，使学生有机会发展自己的兴趣，增强了学生的自信心和满足感。能力本位教育理论重视个性化和差异化教学，并不意味着每个学生都要学习完全不同的内容，而是强调教学方式和方法应当根据学生的个性和需求来调整。例如，对于那些喜欢动手实践的学生，教师可以为他们提供更多参与实验和项目的机会；对于那些善于理论思考的学生，教师可以为他们设计更多的讨论和研究。能力本位教育理论重视个性化和差异化教学，旨在让每个学生都能在学习过程中找到自己的位置，发现并发展自己的潜能，最终实现全面发展。

3. 职业取向

能力本位教育理论强调从职业的具体需求出发进行教学内容的设计，这从宏观的社会层面和微观的个体层面来看都具有重要的意义。从宏观的社会层面来看，能力本位教育理论强调教育与社会经济发展的密切关系。教育的任务并不仅仅是传授知识，更是培养符合社会经济发展需求的人才。这样才能使教育成果与社会需求更好地匹配，从而推动社会经济的持续发展。同时，这有助于解决教育与就业之间的脱节问题，提高教育的社会效益。

从微观的个体层面来看，能力本位教育理论从职业的具体需求出发，强调职业能力的培养。这意味着教育不仅要教授学生相关的知识，更重要的是使他们具备解决实际问题的能力。因此，教学内容、方法和过程的设计都以如何使学生具备从事某一职业所必需的实际能力为目标。这样的教育模式使教学更加贴近实际，学生在学习过程中可以直观地理解和掌握知识，通过实际操作锻炼自己的技能，培养独立思考和解决问题的能力。不仅如此，这样的教育模式更有利于学生将理论知识与实际操作相结合，提升自身的综合素质和实践能力，从而为未来的职业生涯打下坚实的基础。因此，可以说能力本位教育理论具有很强的职业性。[①]

二、能力本位教育理论与工匠精神培育

（一）为工匠精神培育提供理论引导

在能力本位教育理论的指导下，实践教学与训练的重要性得到了教育者的充分重视。能力本位教育理论以提高学生实践能力为核心，旨在帮助学生通过理论知识学习和实践技能训练获取工作所需的技术和知识，从而更好地满足将来所要从事行业的需求。实践是认识的来源，是获得知识和技能的重要途径，尤其在培育工匠精神的过程中，实践的价值更是无可替代。工匠精神要求从事某种工艺或技术的人不仅要具备深厚的专业知识和技能，更要有创新思维和敬业精神，能在实践中找到问题，解决问题，通过不断地尝试和优化，达到最佳的工作效果。

在实践中，学生可以真实感受到技艺的复杂性和挑战性，他们需要反复尝试，不断磨炼，以达到精湛的技艺。这个过程充满了困难和挑战，同时也充满了乐趣和满足感。当学生看到自己的努力变成了具体的产品时，会深深地体验到工匠精神的价值和意义。在这个过程中，学生不仅学会了技术和技能，更学会了如何面对困难，如何解决问题，如何追求卓越，这些都是工匠精神的核心要素。

能力本位教育理论还注重培养学生的主动参与意识和自主学习能力。在实践过程中，学生需要主动寻找学习资源，自主设计学习方案，这样的学习过程让学生有更多的机会去思考、尝试、探索，而这正是培养工匠精神的重

---

① 周明星.藩篱与跨越：高等职业教育人才培养模式与政策 [M].武汉：华中师范大学出版社，2018：81-84.

要途径。工匠精神并不是一种可以直接教授的知识，而是需要在实践中慢慢培养，需要学生自己去体验、感受。因此，教育者应在能力本位教育理论的指导下创造更加具有实践性的教育环境，让学生有机会深入实践，真实体验，从而更好地理解和领悟工匠精神。

（二）用职业技能训练引领工匠精神培育

在能力本位教育理论的引导下，学生对某个特定领域的深入学习和实践，使他们有机会在职业技能训练的过程中理解并体验工匠精神的内涵。工匠精神源自古代手工艺人执着于技艺的专一和对完美的无止境追求，它要求手工艺人对专业技能有深刻的理解和熟练的掌握，对工作有极高的热情和专注，对结果有严苛的要求和持续的改进。这种对职业与专业的专注都在以能力本位教育理论为指导的教学过程中得到了体现。

具体来说，在人才培养实践中，能力本位教育理论要求在设计教学目标和内容时，充分考虑职业实际需要的技能和知识，并让学生在真实或模拟的工作环境中进行学习和实践，从而更好地理解和掌握相关的技能和知识。例如，机械设计与制造专业的学生需要学习如何使用各种工具和设备、如何设计和制造零件、如何进行质量检测等。因此，该专业的职业技能学习和实践就需要让学生有机会深入了解机械制造的各个环节，感受每一个环节对整体结果的重要性，体验到追求精确、追求完美的工匠精神。

能力本位教育理论强调学生的主动参与和自主学习，鼓励他们在学习过程中，寻找更多的机会去深入思考，寻求解决问题的方法，不断磨炼自己的技能。这种主动参与和自主学习的过程，也是工匠精神的一种重要体现。因为工匠精神不仅要求学生熟练掌握技艺，更要求学生有独立思考、解决问题的能力，以及勇于挑战、勇于创新的精神。在能力本位教育理论的指导下，学生通过主动参与和自主学习，不断地试错、反思、优化，可以更好地体验和理解工匠精神。

（三）为工匠精神培育的评估提供参考

教育评价不仅是人才培养的重要构成部分，还是教育系统运行的关键环节；不仅是对教学活动的科学总结，更对人才培养实践具有重要的指导意义。能力本位教育理论主张以实际能力为评估标准，而非单纯考查理论知识的掌握程度，这种评估标准同样适用于工匠精神的培育。工匠精神包括对技术的熟练掌握、对工作的热情投入、对精益求精的不懈追求，以及对问题的敏锐洞察和解决问题的创新能力，这些都可以通过科学的评价体系来观察和评估。在工匠精神的培育过程中，教育者可以在能力本位教育理论的指导下加强过程性评价，通过设定具体的任务，观察学生的操作过程和结果，评估他们的技术水平和工作态度；通过分析学生面对问题的处理方式，评估他们的问题解决能力和创新能力。

具体来说，技术水平的评估可以通过实践任务的完成度、准确性和效率来完成。例如，在某个机械制造的任务中，教育者可以评估学生是否能够按照要求制造出满足标准的零件；是否能够在规定的时间内完成任务；是否能够有效地使用工具和设备。这些都是对学生技术水平直接、有效的评估。除了技术水平，对工作态度的评估也非常重要。教育者可以通过观察学生的工作过程，看他们是否专注、细心、持续改进，来评估他们的工作态度。工作态度是工匠精神的重要组成部分，工匠精神不仅需要学生有高超的技术，更需要学生有对工作的热爱和对完美的追求。

在工匠精神的培育中，对学生问题解决能力和创新能力的评估也非常关键。在学习过程中，学生肯定会遇到各种预期之外的问题，这时他们需要利用知识和技能找出问题的原因，并提出解决方案，这是对他们问题解决能力的一个重要考验。在这个过程中，如果学生能够提出新的思路、新的方法，那就说明学生具备较强的创新能力。当然，结果性评价同样非常重要，教育主体需要在能力本位教育理论的指引下，评价学生对知识与技能的掌握情况，但在应用型人才培养的过程中，需要着重考查学生的能力发展情况。

第四节 协同理论

一、协同理论的概念与内涵

（一）协同理论的概念

协同理论，亦称"协同学""协和学"，是由德国物理学家赫尔曼·哈肯（Herman Haken）提出的，是系统科学的重要分支理论。哈肯于1971年提出了协同的概念，并于1976年对协同理论进行了系统阐述，出版了《协同学导论》等著作。

协同理论主要研究远离平衡态的开放系统在与外界有物质或能量交换的情况下，如何通过自己内部的协同作用，自发地出现时间、空间和功能上的有序结构。协同理论以现代科学的最新成果——系统论、信息论、控制论、突变论等为基础，吸取了耗散结构理论的大量营养，采用统计学和动力学相结合的方法，通过对不同领域的分析，提出了多维相空间理论，建立了一整套数学模型和处理方案，在由微观到宏观的过渡上，描述了各种系统和现象中从无序到有序转变的共同规律。该理论主张通过建立完整的数学模型和处理方案，在由微观到宏观的过渡中，对各种系统和现象中从无序到有序转变的共同规律进行描述，着重探讨各种系统从无序变为有序时的相似性。

协同理论研究的对象是系统，在人们生活的世界中存在着大量的、不同类型的系统，这些系统广泛存在于不同的领域，其表现形态、构成要素、内部结构、功能属性等丰富多样。这些系统有的属于自然生态系统，有的属于社会人文系统，有的是宏观系统，有的是微观系统，但这些看起来完全不同的系统，却具有深刻的相似性。协同理论正是以认识和解决系统的发展和内部结构的更新变化为主要内容而形成的理论。协同理论通过类比对从无序到有序的现象，建立了一整套数学模型和处理方案，并将之推广到更为广泛的领域，设想在跨学科领域内考察其类似性以探求其规律。这种泛用性是协同理论较为显著的特性之一。

（二）协同理论的内涵

协同理论作为一种解释各类系统在经历了变异后如何发展为有序状态的理论，已经成为许多学科的重要工具，不仅被应用于自然科学领域，还被广泛应用于社会科学领域。协调理论的应用不仅可以帮助人们理解复杂系统如何从混沌状态发展到有序状态，还可以帮助人们理解和预测许多自然和社会现象，为人们提供解决一些复杂问题的新视角。

协同理论的主要研究对象是系统，而系统在这里被广义地定义为一个包含许多相互关联的元素的整体。这种系统可能是物理的、生物的、社会的，甚至是抽象的。每个系统都有其自身的内部结构，该结构通过不同的相互作用方式将各个元素连接在一起。然而，这些系统并不是静止不变的，而是动态的、演化的。协同理论的主要任务就是研究这些系统如何通过自身的内部协同作用，实现自身结构的有序建构。协同理论的一个重要观点是，一个系统的有序状态并不是由外部因素强行施加影响形成的，而是由系统内部的相互作用和协同作用自发形成的。这种从无序到有序的过渡过程被称为"自组织"。协同理论主要研究的就是这个自组织过程，它试图找出驱动这个过程的内在机制，解释系统如何通过内部的相互作用和协同作用，实现自身结构的有序建构。此外，协同理论还强调多个子系统的联合作用在形成宏观结构和功能上的重要性，这对理解复杂系统的组织和功能具有重要意义。在许多复杂系统中，单个元素往往无法独立产生有意义的行为或功能，而是需要通过与其他元素的协同作用，共同产生复杂的行为和功能。这就需要人们不仅要研究单个元素的行为，还要研究它们的相互作用和协同作用。

二、协同理论的实际应用

协同理论在人才培养中的应用一般体现在多元主体协同育人以及整合育人各要素的过程中，主要体现在以下几个方面。

（一）利益协同

利益协同是协同理论在实际应用中的集中体现之一，利益协同是协同理论中的一个重要概念，主要指在多元主体共同参与的活动中，通过协商、协作等方式达到各自利益与共同利益相统一的过程。以校企协同育人为例，学校与企业的利益诉求不尽相同，但是为了实现共同的人才培养目标，双方需要找到相互契合的利益点，从而实现利益协同。在校企协同育人中，企业的利益诉求主要是经济效益，这是企业存在的基础和动力。企业需要吸引优秀的人才来提升自身的竞争力，增强自身的创新能力，从而实现经济效益的提升。为了吸引优秀人才，企业需要通过设立实习基地、联合开展科研项目、设置奖学金等方式，与学校进行紧密交流和合作，提高自身的知名度和吸引力。学校的利益诉求相对复杂。一方面，学校需要为学生提供高质量的教育资源，以培养出符合社会需求的优秀人才；另一方面，学校需要关注自身的发展，包括提升教学水平、学校声誉等。为了实现这些目标，学校需要与企业进行合作，以获得实践教学资源、产学研项目等，从而丰富教学内容，提高教学效果。

虽然不同育人主体的利益诉求不尽相同，但是育人主体都需要培养优秀的人才，这就是他们的共同利益，也是利益协同的基础。例如，企业需要优秀人才提升自身的竞争力，而学校需要通过提供优秀人才来满足社会的需求，提高自身的声誉。在这个过程中，学校与企业通过合作实现了各自的利益，同时实现了共同的利益。

当然，利益协同并非一蹴而就的，需要多方通过深度交流、诚信合作找到最大的共同利益，实现最大程度的协同。这需要各方能站在对方的角度考虑问题，真诚地对待合作，而不是只考虑自身的利益。在这个过程中，各育人主体都需要投入时间、精力、资金等，而这些投入会在未来获得相应的回报。还是以校企协同育人为例，学校和企业的利益协同可以表现在多个方面。例如，学校可以通过安排企业实习，让学生在实际工作环境中接触和学习最新的技术和理念，提高学生的就业竞争力，同时提升学校的教育质量。企业则可以通过接纳实习生，接触最新的学术理论和研究成果，提高企业的创新能力。这种方式既满足了学校的教学需要，也满足了企业的人才需求，实现了真正的利益协同。

利益协同是一种多方共赢的合作方式，需要各方以开放的心态共享资源和利益，共同推动人才培养目标的实现。在这个过程中，各方都可以从中得到益处，促进自我价值的提升。通过实现利益协同，可以更好地推动校企合作的深化发展，实现人才培养目标，为社会提供更多的优秀人才。

（二）战略协同

协同理论对多元主体协同育人系统发展战略的制定具有重要的指导作用，战略代表着系统中各个子系统的发展方向，只有当各个子系统的发展方向相对统一时，系统才能不断获得发展。在应用型人才培养中，战略协同程度的高低与政府、学校、企业之间的利益取舍有很大的关系。例如，政府考虑的主要是促进社会整体发展，学校考虑的主要是人才培养与办学能力的提升，企业考虑的主要是提升经济效益与市场竞争力。不同的利益出发点影响着各主体发展战略的制定，因此战略协同非常重要。

战略协同是多元主体协同育人的基础，而多元主体协同育人的全面展开则需要政府、学校和企业之间充分协调，共同制定多元主体协同育人系统的总体发展战略，且各自的具体发展战略需要以总体发展战略为出发点，不能背离总体发展战略的基本路线。

（三）资源协同

资源协同就是将系统中各个子系统的资源进行整合并加以充分利用的过程，这是系统发挥协同效应的关键所在。

在协同育人中，资源协同指的是政府、学校、企业与社会充分发挥自身的教育资源优势，为学生提供良好的理论学习和实践训练环境，深入推进产教融合，实现学生综合素质的提升。

政府拥有信息、资金资源及政策制定的优势。学校拥有教师、教育管理、教育信息及各种教育基础设施资源，这些资源是学生进行系统的专业知识学习所必需的资源，可以帮助学生夯实专业基础。企业拥有资深从业人员、实习场所、资金等资源。学校与企业之间的资源具有很大的互补性，基于协同理论培育学生的工匠精神既需要学生具备扎实的专业理论知识，还需要学生具备较强的实践能力，这就需要学校与企业发挥自身的资源优势，联合进行人才培养。

（四）文化协同

不同主体之间的文化存在一定的差异，这就要求各主体通过互动、对接、协调形成和谐的文化体系，文化的和谐是系统持续发展的重要保障。文化协同有助于形成良好的教育环境。在人才培养过程中，不同的文化背景、价值观念会对教育环境产生重要影响。通过文化协同，教育者可以理解和利用这些文化差异，形成包容、尊重和理解的教育环境，从而提高教学效果。文化协同还可以促进知识的传递和理解。知识的传递不仅仅是信息的传递，更是文化的传递。通过文化协同，学生可以更好地理解知识的文化背景和价值内涵，从而更好地理解和掌握知识。良好的文化协同可以提高教育效率和教学效果。在人才培养过程中，教育者和学生需要共同努力，才能实现教育目标。通过文化协同，教育者和学生可以更好地理解和尊重彼此的差异，形成有效的合作关系，从而提高教育效率和教学效果。

文化协同可以通过多种方式实现。例如，各育人主体可以加强相互之间的文化交流与互动，在寻找各自文化的优点与不同文化的契合点的前提下，通过了解学生的文化背景，设计更符合学生文化习惯的教学内容和方法。教育者可以通过开展多元文化活动，培养学生的文化包容性和交际能力；可以通过提供多元文化的学习资源，帮助学生开阔视野，提高学生的跨文化理解能力。这样建立在文化协同基础上的多元主体协同育人，将会取得更好的效果。

三、协同理论在工匠精神培育中的作用

（一）指导教育主体的协同

协同理论的最大特点就是倡导系统的全面协作。据此，学校、家庭和社会三大教育系统都是培养人才的重要角色，并且各自拥有独特的优势。在工匠精神的培育上，同样需要多元主体共同发挥育人作用。

1.学校教育系统

在工匠精神的培育中，学校教育系统发挥着至关重要的作用。学校不仅是学生学习知识的主要通道，更是学生思想道德与价值观构建的主要平台。教师在传授各类专业知识的同时，能够通过灵活多样的教育形式，让学生深刻理解工匠精神的重要性和它包含的各种品质。追求卓越是工匠精神的重要组成部分，这需要人们有坚定不移的决心和毅力，一心一意做好手中的工作，不断提高技艺。为了更好地传递这种精神，学校可通过案例教学或参观活动，让学生看到工匠对技艺的执着追求，从而引发对专业技术的兴趣和热爱。精益求精也是工匠精神的重要组成部分。工匠追求的不仅仅是工作的完成，更是工作的艺术性和完美性。教师在课堂中应教导学生追求每一处细节的完美，从小事做起，养成追求极致的习惯。勤奋努力和敢于创新，是学校通过教育活动传授工匠精神的重要组成部分。教师可以通过一系列的实践操作，引导学生亲自动手，勤于思考，从而培养学生的动手能力和创新能力。这种通过实践认识世界的方式无疑是培养工匠精神的有效途径。学校也可以通过举办各种比赛，为学生提供实践和挑战自我的平台。例如，学校可以定期举办创新设计比赛、技术操作比赛等，让学生在比赛中亲自体验完成一个项目的全过程，从而在实践中领悟工匠精神。这样既能激发学生的学习兴趣，又能锻炼他们的技能，还能让他们在实践中深化对工匠精神的感悟。

2.家庭教育系统

家庭教育系统在培育工匠精神中同样发挥着不可或缺的作用，其重要性

在于它对学生的个性与价值观塑造产生了最初的、最深远的影响。如果学生是树苗的话，家庭就像他们的土壤，是他们个性形成的重要基础。

家庭教育的重要性体现在它是影响人们价值观和世界观形式的初始环境。一个人的核心价值观、对世界的基本认知，都最先受到家庭教育的影响。人们在幼小的年纪就开始模仿父母，父母的行为方式、生活态度、价值观等会深深地影响孩子。因此，家长应当以身作则，严格规范自己的行为。家庭教育的重要性还体现在，它为孩子提供了进行各种尝试和探索的环境。孩子在家庭环境中可以自由发展自己的兴趣和特长，家长可以在这个过程中培养学生持之以恒、耐心钻研、勇于求新的工匠精神。无论是学习新的知识，还是提高某项技能，家庭都为学生提供了充足的空间，这非常有利于工匠精神的培育。

3.社会教育系统

社会教育系统是培养工匠精神的重要平台，因为社会作为一个大环境，具有丰富的教育资源和广阔的教育空间，是人们学习和实践工匠精神的广阔天地。社会的多元性和复杂性能够给学生提供各种各样的实践机会，帮助学生获得大量的实践经验，这些实践经验不仅能让学生对工匠精神有更加全面、深入的认识和理解，更能让学生有机会在实践中体验与践行工匠精神。

社会作为一个大环境，为学生提供了丰富的信息资源，包括各种媒体报道、公开讲座、展览活动等，是学生了解和学习工匠精神的重要渠道。通过这些渠道，学生可以看到工匠精神在各个领域的应用，可以了解工匠精神对社会和国家发展的重要意义。这些源于真实实践的认知会进一步深化学生对工匠精神的理解和认识，激发学生对工匠精神的热爱和尊重。社会能为学生提供丰富的实践工匠精神的机会，如各种实习、实践活动，让学生有机会接触真正的工匠，亲身参与生产一线，获取直接经验。这些经验会让学生更直观、更深刻地感受工匠精神的力量和魅力，从而更加深入地理解和主动接受工匠精神。社会还能为学生提供展示和传播工匠精神的平台。学生可以通过各种形式，如写文章、演讲、制作视频等，将自己对工匠精神的理解和体验分享给更多的人。这不仅能够让更多的人了解和学习工匠精神，也能够激发更多的人去实践和传播工匠精神。

（二）推进教育内容的协同

1. 整体与部分的协同

协同理论对整体与部分的协同非常重视，体现在工匠精神的培育中就是教育者需要全面地理解工匠精神的内涵，明确知识、技能、态度等各个方面对工匠精神形成的重要性。工匠精神并非单一的技能或者知识的累积，而是包含对技艺的热爱、专注、创新和不断追求卓越的一种综合态度。因此，对学生的教育不能片面强调某一方面的能力，而应该全面、均衡地提升各方面的能力，使他们在掌握专业知识和技能的同时，培养出积极的工作态度和专业精神。

在人才培养实践中，教育者不能孤立地看待知识、技能、态度等方面，而应将它们视为一个整体，每一方面与其他方面的相互作用，共同形成工匠精神。例如，良好的工作态度可以促进技能的掌握，反过来，技能的提升也会激发学生对专业的热爱，增强他们的工作积极性。因此，教育者应该注重培养学生的系统思考能力，使他们看到各个部分之间的联系，理解各个部门是如何通过共同作用形成工匠精神的。同时，教育者要鼓励学生在实践中发现和解决问题，让他们在亲身体验中感受各部分的协同作用，真正领悟工匠精神。

2. 动态协同

在动态协同的视角下，学生的成长被视为一个动态、不断变化的过程，各个元素之间的关系并非固定不变的，而是在相互影响和互动中不断演化。教育者需要理解和关注这种动态性，把握学生成长的规律，引导他们在实践中不断学习、反思、提高。教育者不能期望学生在短时间内就形成工匠精神，而是应该给予他们足够的时间和空间，让他们在不断的试错中经验积累，逐步形成对工艺的尊重、对细节的追求、对完美的执着。

在工匠精神的培育过程中，学生的知识、技能、态度等方面并非分离的，而是在相互影响和互动中一起发展，共同形成一个有机的整体。这种动态协同的过程是工匠精神逐渐形成的重要环节。教育者培育学生的工匠精神要懂得运用这一原理，引导学生在实践学习中不断反思、自我调整，形成与其职业角色相匹配的知识结构和技能体系，同时，要激发学生的学习热情，鼓励他们在实践中体验成功，提升自信，从而更好地将工匠精神内化为自身的行为和习惯。这一切都需要教育者从动态协同的视角出发，关注学生的成长过程，因势利导，让工匠精神在实践中得以萌芽、发展和深化。

3. 多元协同

在工匠精神的培育中，教育者要重视学生个性的发展。每个学生都是独一无二的，他们拥有各自的兴趣、特长和学习方式，这种个性差异是宝贵的资源，而非影响学生发展的阻碍因素。教育者应深入了解每个学生的个性特征，尊重他们的独特性，因材施教，使他们能在最适合自己的方式中体会工匠精神。例如，一些学生可能对精细的手工艺技能有着特殊的热爱，他们可以在手工作业中体验专注和沉浸的魅力，感受在细节中追求完美的乐趣；另一些学生可能更善于思考和创新，他们可以在解决复杂问题、改进和优化技术方案的过程中，体会工匠精神的魅力。

在实际教学中，教育者可以设计各种形式和内容的活动，尽可能满足学生的不同需要，发挥他们的优势，激发他们的兴趣。例如，可以通过项目式学习，让学生在实践中解决问题，提出创新方案；也可以通过工作坊或实训基地提供丰富的实践机会，让学生在动手操作中体验和学习。这种多元的教学方式不仅能更好地培养学生的工匠精神，也能更好地激发他们的学习热情，提升他们的自主学习能力和创新能力。

第四章 工匠精神培育的途径

第一节 教育引导与工匠精神培育

一、教育引导在工匠精神培育中的重要性

工匠精神培育是一个长期的过程，培育的方法与途径非常多，其中，教育引导发挥着十分重要的作用，而职业院校作为培养技能型人才的重要阵地，也是工匠精神培育的重要阵地之一。高职院校作为高等教育的重要组成部分，其目标是培养具有扎实的理论知识和较强实践能力的素质技能型人才。要实现这一目标，高职院校必须将培养学生的职业素养与职业技能放在同等重要的地位，只有这样才能培养出一批批素质好、技能高、能力强且能够适应社会需要的建设者、劳动者。

（一）教育引导是培育工匠精神的主要途径

教育引导之所以是培育工匠精神的主要途径，一方面是因为其可以通过直接和间接的方式，使学生更深入地理解和感知工匠精神的内涵。直接方式包括在课堂上通过案例研究、故事讲述等方式，使学生具体、直观地了解工匠精神所包含的专注、精益求精、敬业奉献等品质。间接方式包括通过校园文化建设、校园活动组织等方式，营造能够体现工匠精神的环境，使学生

不知不觉地接受工匠精神的熏陶。另一方面是因为教育引导可以帮助学生理解、接纳工匠精神，并将其内化为自身的一部分。教师通过引导学生参与实践活动，让学生亲身体验坚持不懈、追求卓越的过程，从而体会其中的辛苦与乐趣，进而激发他们对工作的热爱，培养他们专注于技术、追求卓越的工匠精神。同时，教师还可以通过引导学生反思，使他们获取深层次的认识，从而进一步强化他们对工匠精神的理解。

教育引导也是培养学生职业素养的重要途径，职业素养的提升不是从步入工作岗位才开始的，职业素养包括许多方面，涉及个人品质的素养是在教育阶段就开始培育的。在教育过程中，教师帮助学生养成的良好学习习惯对其未来的职业生涯具有重要的影响。例如，教师通过引导学生做好每一次实验、每一次作业，培养他们的责任感和敬业精神；通过引导学生对待每一个技术问题的认真态度，培养他们的求知欲和创新精神。

（二）帮助学生深化对工匠精神的理解

工匠精神并非虚无缥缈的、抽象的精神，而是具备实实在在内涵的一种价值追求与道德准则。学生由于年龄与阅历的关系，很难对工匠精神有全面、深入的理解，这就需要发挥教育引导的作用。工匠精神不仅是一种职业精神，也是一种人生态度，包含敬业精神、专注精神和追求卓越的精神。教师可以通过课堂教学、实践活动等方式，向学生传授工匠精神的内涵和精神实质，引导学生从理论和实践两个层面理解和接纳工匠精神。例如，教师可以将工匠精神融入课堂教学中，让学生在学习专业知识的同时，理解坚持和精益求精的重要性。同时，教师可以设计一些活动，让学生在实践中体会工匠精神的力量，从而深化对工匠精神的理解。

教育引导可以帮助学生将工匠精神内化为自己的行为准则。工匠精神的培育不能只停留在理论层面，更重要的是在实际行动中践行。教师可以通过引导学生参与具有挑战性的实践活动，如科研项目、技能竞赛等，在面对困难和挑战时鼓励学生坚持下去，不断尝试和改进，从而培养他们对工作的热爱和对技艺的追求。通过实践活动，学生还能学习到合作、沟通等技能，这些都是工匠精神的重要组成部分。教育引导还可以帮助学生形成终身学习的习惯和良好的工作态度。工匠精神强调持续学习和精益求精，这就要求学生无论是在学校还是在工作中，都要有持续学习的习惯和积极的工作态度。教师通过引导，可以帮助学生形成持续学习的习惯。

（三）教育引导是塑造学生价值观的关键因素

教育引导是塑造学生价值观的重要工具。学生的价值观并非天生就有，而是在不断的学习和实践中形成的。教师通过引导学生理解工匠精神，可以帮助学生形成以勤奋、专注、耐心和追求卓越为核心的价值观。这一价值观不仅体现在学生对专业技能的学习上，也体现在他们对生活的态度和对社会责任的认识上。教师可以运用多元化的教学方法，如案例分析、角色扮演、小组讨论等，引导学生从不同的角度理解和接纳工匠精神，使他们在实际的学习和生活中，能够用这一精神指导自己的行为。

工匠精神培育是帮助学生实现个人职业发展、满足社会职业需求的关键要素，教师通过引导学生深化对工匠精神的理解，可以帮助学生建立正确的职业观，从而提高学生的职业素养，进而实现工匠精神的内化。例如，教师可以通过组织学生参与各种职业技能训练和实践活动，引导学生在实践中体验工匠精神，理解工匠精神在职业发展中的重要作用。与此同时，教育引导有助于激发学生的职业激情。工匠精神强调对工作的热爱和对技艺的追求，这需要有强烈的职业激情作为支撑。教师通过引导，可以帮助学生找到自己的职业兴趣，激发学生对未来职业生涯的期待，从而增强学生的职业激情。例如，教师可以通过邀请职业人士来校开展讲座，用他们的职业经历和体验激发学生对特定职业的兴趣，引导学生积极投入工匠精神的培育中。

二、教育引导推动工匠精神培育的路径

（一）注重培养工匠

工匠代表着一种气质：坚定、踏实、精益求精。工匠不一定都能成为企

业家，但大多数成功企业家身上都有工匠精神。工匠视技术为艺术，既尊重客观规律又敢于创新，拥抱变革，在擅长的领域成为专业精神的代表。注重培养工匠，也就是注重人才培养。高职教育专业门类众多、人才需求量大，培养工匠的条件非常优越。高职院校与企业等人才培养主体应根据阶段性目标和长远发展目标，着力打破业内高层次技术人才引进难、产业技术工人匮乏等瓶颈，不断壮大人才队伍，在广揽人才的同时，有计划地选择一批有一定理论水平和实践经验的中青年骨干进行集中学习和培训，从而造就一批知识渊博、经验丰富、精明能干的复合型和创新型高级技术人才。

具体到高职院校工匠精神培育的教育实践中，教育引导的目标是使学生全面理解工匠精神，并将其应用到自身的学习和职业生涯中。这就需要教师采用有效的教学策略，深化学生对工匠精神的认识。例如，教师可以将工匠精神融入日常的课程教学，通过讲述工匠精神的起源和历史，以及工匠精神在现代社会中的应用和价值，使学生更深入地理解工匠精神。同时，教师可以设计和组织一系列与工匠精神相关的实践活动，如职业技能竞赛、实习实训等，让学生在实践中体会工匠精神的力量，从而进一步激发学生对工匠精神的追求。此外，教育引导还需要与社会实践相结合。为了使学生能够更好地将工匠精神融入自身的职业生涯中，学校需要积极探索与企业的合作模式，构建校企合作的长效机制。例如，学校可以与企业共同设立实训基地，为学生提供真实的工作环境，让他们在实践中深化对工匠精神的理解。学校也可以邀请企业的技术专家和工匠大师来校开展讲座，分享他们的职业经历和对工匠精神的体验，从而激发学生对工匠精神的兴趣，提高学生的职业素养。学校还可以与企业共同开展一系列的职业发展培训，如职业规划、职业素养提升等，为学生的未来职业生涯提供更多的支持和帮助。

（二）注重培育精神

工匠精神体现的是一种用心、踏实、专注的气质和认真敬业、一丝不苟的态度。不可否认，一些企业缺乏对工匠精神的正确认识，出现了在生产实践中急功近利，缺乏对质量细节的把控，片面追求速度和效率，导致产品出现质量缺陷等问题，损害了行业形象，让工匠精神回归成为行业最迫切的呼唤。因此，社会企业与高校都要加强工匠精神的培育，提高对职业、技能教育的重视，让行业从业人员与学生意识到工匠精神的可贵，切实转变观念，把事业当作责任、把职业看成天职，对所做的事情和生产的产品精益求精、精雕细琢，少一些急功近利，多一些认真持久；少一些粗制滥造，多一些优质精品。

（三）注重提升能力

专业技能培养是培育工匠精神的基础，教育者需要根据专业特点和行业需求，确定专业技能的培养目标和内容。教师可以通过理论授课、模拟实训、基地实习等多种方式，帮助学生掌握专业必备的技术知识和技能。在教学过程中，教师不仅要教授技术操作，更要培养学生的技能应用和技术问题解决能力。例如，在机械设计与制造专业的教学中，教师可以设置一系列实践课程和项目，让学生在实践中学习和应用机械设计、制造和检测等技术，培养他们的专业技能。

除了专业技能提升，工匠精神还包括诸多能力要求，以创新能力和团队协作能力为例。创新能力的培养是培育工匠精神的关键。工匠精神不仅要求对技术的精益求精，更要求对工艺的创新和完善。因此，教师需要通过开展创新实验、组织创新项目、建立创新平台等方式，鼓励和支持学生进行科技创新活动。教师可以为学生的创新活动提供一系列的支持，如实验设备、实验资金、实验指导等，营造良好的创新环境，激发学生的创新思维，引导学生在实践中发现问题、解决问题，从而增强学生的创新能力。团队协作能力的培养是培育工匠精神的重要条件。现代生产和工作往往需要团队的协作，而工匠精神也强调共同努力和协作精神。因此，教师可以通过小组讨论、团队比赛等方式，培养学生的团队协作能力。教师也可以组织学生进行团队建设活动，让学生在团队中扮演不同的角色，发挥各自的优势，从而增强协作能力。在这个过程中，教师还可以教会学生如何在团队中有效沟通，解决团队冲突，以提高团队的协作效率。

第二节 制度设计与工匠精神培育

一、完善制度设计和培育文化环境

工匠精神的孕育和传承,先决条件是改变人们的观念,确立工匠精神的价值观。如果急功近利、追求速度成为社会普遍心理,而精耕细作得不到足够的尊重和回报,多数人就会没有耐心踏踏实实地做好一件事。浮躁是工匠精神的天敌,也是工匠精神缺失的深层原因。工匠精神是一种深层次的文化形态,它需要在长期的价值激励中慢慢形成。只有当工匠精神充分融入人们的工作,社会才会真正进步。

要塑造一个认可工匠精神的社会环境,就需要在教育、经济、法律等多个层面上通过制度设计来实现。教育制度设计的任务不仅仅是为知识与技能的传授提供保障,更重要的是塑造正确的价值观和人生观,让学生理解并接受工匠精神。经济制度和法律制度则需要确保工匠的劳动得到足够的尊重和回报,从而营造培育工匠精神的良好社会环境。然而,仅靠制度设计还不够,要真正实现工匠精神的培育,还需要构建有利于工匠精神培育的文化环境。这种文化环境要求人们尊重精耕细作,崇尚精益求精,弘扬实事求是的科学精神,抵制浮躁的社会风气,鼓励人们踏踏实实做好每一件事。这需要学校、家庭、企业、社区等全面推广和传播工匠精神,让工匠精神真正融入人们的日常生活中。

当然,政府在工匠精神的培育中起着重要作用。例如,政府可以通过设立专门的奖项或者补贴鼓励和激励具有工匠精神的个人和企业,或者设立相关的法规保护工匠的权益,防止他们的劳动成果被侵犯。同时,政府还可以主动参与工匠精神的推广,通过出台政策等手段宣传工匠精神,提升公众对工匠精神的认同感和尊重感,促进工匠精神的全社会化培育。①

---

① 梁丽华,郑芝玲,赵效萍,等.新时代技术技能人才工匠精神培育研究[M].杭州:浙江大学出版社,2021:157-165.

二、优化顶层设计

若想真正培育学生与劳动者的工匠精神，就必须提升工匠精神培育的战略高度，优化顶层设计。在全球经济日趋繁荣、技术日新月异的背景下，各行各业都需要技艺精湛、专注致远的工匠型人才。为培养这些人才，首先，国家需要建立一套完整的、高品质、高标准的工匠制度。这套制度应该包含对工匠职业的准入门槛设定、对工匠技能的等级认定、对工匠劳动成果的保护以及对工匠劳动价值的妥善衡量等。通过这样的制度设定，可以确保那些真正具有工匠精神的人得到应有的认可和尊重，大大提升他们的社会地位和经济保障，从而吸引更多的人投入工匠行业。其次，国家需要加强对市场的监管，确保市场秩序的公平、有序。如果市场秩序混乱，那些投机取巧的人可能会暂时占得便宜，这将严重打击那些真正靠实力和技能去竞争的工匠的积极性。因此，国家必须对市场进行严格监管，对于违规行为给予严厉惩罚。只有这样，才能保证市场的公平和公正，才能为工匠精神的培育提供有利的外部环境。

鉴于教育引导是工匠精神培育的重要途径，政府还可以通过教育、媒体等手段普及和推广工匠精神。在教育方面，可以将工匠精神与学生的专业学习紧密结合在一起，在理论与实践教学中渗透工匠精神的相关内容，让学生在开启职业生涯之前就深刻理解精益求精、一丝不苟的重要性。在媒体方面，可以广泛报道践行工匠精神的典范，增强社会对工匠精神的认同感和尊重感。通过这样的方式，工匠精神能够在全社会范围内得到普遍宣传，从而推进工匠精神的培育。

三、加强市场需求引导

我国消费者的需求正在经历从无到有、从有到好、从好到精的转型升级，消费者的"挑剔"行为恰恰是企业改进产品质量的重要外在力量。供给的极大丰富和市场竞争的加剧，将会促使企业更加追求品牌和品质。在加强市场需求引导的过程中，首要任务是以消费者的需求为导向，因为消费者的需求往往影响着市场发展方向。如今，消费者的需求越来越精细化、个性化和情感化，对商品和服务的品质和附加值的要求也越来越高。在这个过程中，工匠精神的培育显得至关重要。只有当企业开始注重工匠精神的培育，才能生产出真正满足消费者需求的产品。

当然，单纯依靠市场的力量并不足以促成工匠精神的培育，还需要依赖政府的积极引导。政府可以通过对市场的有效监管和调控，创建公平竞争的市场环境，让工匠精神在市场竞争中得到充分展现。政府还可以展开市场化改革，使市场机制更好地发挥自我调节和激励创新的作用，这也是培育工匠精神的重要条件。在激烈的市场竞争环境下，企业必须依赖提高产品和服务的品质，赢得市场的认可。与此同时，还应积极推进企业文化建设，将工匠精神融入企业的日常管理中，使之成为企业文化的重要组成部分。工匠精神不仅应该体现在产品的制作环节，还应该体现在研发设计、生产制造、市场营销、售后服务等环节上。只有这样，企业才能从内而外地散发工匠精神的光芒，从而增强消费者对其的认同感和信任感，进而增强市场竞争力。

第三节　社会环境与工匠精神培育

一、社会环境对工匠精神培育的影响

（一）社会价值观

社会价值观是人们对良好生活、道德行为和社会公正的共同认知和信念，在很大程度上塑造和影响着个体的行为和决策。对于新时代工匠精神的培育来说，社会价值观的变化对其具有深远的影响。以往的社会环境或许更重视理论知识和学术成就，对技能型人才和工匠精神的重视程度相对较低。然而，随着社会经济环境的变化，技能型人才和工匠精神开始受到更多的关注和重视。这种变化的一个重要驱动因素是社会对技能型人才需求的增加。随着科技的快速发展和产业结构的调整，制造业、服务业等领域对技能型人才的需求大大增加。因此，社会开始对工匠精神的价值有了新的认识，从而更加关注和重视技能学习和工匠精神的培育。

工匠精神体现的专注致远、精益求精的精神品质，不仅是推动社会经济发展的重要力量，也是塑造社会主义核心价值观的重要内容。因此，随着社会对工匠精神价值的认识提升，工匠精神得到越来越多的认可和尊重，成为新时代劳动者应有的精神风貌。在这个过程中，教师的角色也发生了变化，他们开始更多地关注技能学习和工匠精神的培育，尤其是在教育实践中，更加重视对学生实践能力和创新精神的培养。学生也更愿意投入技能学习中，积极践行和发扬工匠精神。

（二）就业市场需求

就业市场需求对教育资源配置产生直接影响，并间接影响工匠精神的培育。当市场对技能型人才的需求增加时，高校会将教育资源更多地投入技能学习和实践教学中。例如，学校会增加实验室，加强实习基地建设，提高实践教学的比重，为学生提供更多实践锻炼的机会，从而培育他们的工匠精神。就业市场需求也直接影响学生的学习动机和行为。当技能型人才在就业市场中占据优势时，学生会更加积极地学习专业技能，并通过实践提升自己的技能，这种主动学习和实践的过程有利于工匠精神的培育。当学生看到技能型人才在就业市场中占据优势时，会更加认同和尊重工匠精神，从而增强学习专业技能和发扬工匠精神的动机。

当今时代，全球经济发展的新趋势使得技能型人才成为各行业发展的重要推动力。无论是在制造业、建筑业还是服务业，对拥有专业技能和良好工作态度的人才的需求都在增长。为了适应这一变化，高校开始更加注重学生技能的提升和实践经验的积累，并加强了对学生工匠精神的培育。

（三）科技发展

科技发展与工匠精神培育之间是一个复杂的动态互动过程。在这个过程中，科技发展既给工匠精神培育带来了挑战，同时也带来了机遇。科技的快速发展对传统技术和工艺产生了深远影响，一些传统工艺被自动化、机械化的生产方式取代，因此逐渐消失。当传统技术和工艺被机器替代，工匠是否还能继续保持其价值和地位，工匠精神是否还能继续传承，都成为挑战。

当然，科技发展也为工匠精神的培育提供了新的机遇。一方面，新的技术和工具为工匠提供了更多的可能性。工匠可以利用这些新的技术和工具创造出更多新的产品，满足人们更多样化的需求。另一方面，随着科技的发展，人们开始追求更加个性化的产品，对产品的质量和艺术性的要求也在提高。这些都需要通过劳动者精湛的技艺和专注的精神来实现。因此，科技发展也为工匠精神的培育提供了新的空间。

从教育的角度来看，科技发展给教育带来的最直接的影响就是教育方式的变革。传统的教育方式主要是教师授课，学生听讲，课后完成作业。在这种方式下，学生的实践机会较少，很难真正理解和体验工匠精神的内涵。然而，科技的发展改变了这一方式。新技术的应用丰富了教育资源，拓宽了学生获取知识的渠道，更便于学生了解和体验真实的工作环境和工作过程，从而更深入地理解工匠精神。此外，大数据、人工智能等新兴科技的应用使得个性化教学、精准教学成为可能，这也有助于根据每一个学生的特点和需求进行工匠精神培育。科技发展也引领了教育理念的变革，如"以学生为中心""做中学"等理念为工匠精神的培育提供了理论支撑，这对工匠精神的培育非常重要。

（四）公众认知

公众对工匠精神的认识和理解是工匠精神培育的重要影响因素。在新时代的背景下，在公众中普及工匠精神，对工匠精神的培育具有直接且深远的影响。

公众对工匠精神的认知和理解，为工匠精神的培育提供了广阔的空间。公众认知对个体价值观形成的影响是显著且深远的。公众认知实际上是社会大众的集体认知，是社会文化的一种表现形式。这种集体认知的力量在很大程度上塑造并引导着个体的思维方式和行为模式。在此基础上，公众认知对个体价值观的形成起着至关重要的作用，主要体现在两方面：一方面，公众认知提供了价值观形成的社会背景。人是社会的产物，人的思维和行为方式都是在与社会的互动过程中形成的。在这个过程中，公众认知作为一种重要的社会力量，无时无刻不在影响着个体的思考方式和价值判断，并为个体提供了理解世界和自我定位的框架，塑造了个体对什么是重要、什么是有价值、什么是应该追求的东西的理解和认知。另一方面，公众认知还通过社会化的过程影响个体价值观的形成。社会化是个体逐渐适应并接受社会要求和规范的过程。在这个过程中，公众认知会通过教育、伦理规范等方式传递给个体，并在个体内心形成内在的自我驱动力，引导个体遵循和接受这些要求和规范。

在公众的认知中，工匠精神不仅是一种精神，更是一种对专业精神的追求，是对卓越的追求、对质量的坚守、对创新的执着，这种认知为工匠精神的培育奠定了基础，为学生树立了学习的方向和目标。同时，随着社会公众对工匠精神认同度的提高，工匠精神的价值和意义也在社会中得到更广泛的传播，并在实践中得到更广泛的体现，这将激发更多的人去关注和学习工匠精神，从而进一步推动工匠精神的培育。

社会公众对工匠精神的认知，也影响了高校和教师对工匠精神培育的理解和实践。面对社会公众的认知压力，高校会更加注重工匠精神的培育，将其融入教育教学的各个环节。例如，高校可能会对课程设置进行改革，增加更多的实践课程，使学生有更多的机会去践行工匠精神。同时，教师在教学过程中也会更加注重引导学生理解工匠精神，并创造条件使学生在实践中体会工匠精神的魅力和价值。

二、优化社会环境的策略

（一）构建尊崇工匠精神的社会价值观

构建尊崇工匠精神的社会价值观对营造良好的社会环境非常重要，要做到这一点，首先需要政策支持，包括制定和实施一系列关于鼓励和支持工匠精神培育的政策，为企业和个人提供奖励和激励，如税收优惠、专项资金支持等。其次需要将工匠精神融入企业文化和社会教育中，让更多的人理解和接纳工匠精神。例如，学校加强对工匠精神的宣传，使学生能够在学习的过程中了解和体验工匠精神；企业通过培训、比赛等方式，鼓励员工追求工匠精神。

公共宣传是构建尊崇工匠精神的社会价值观的重要途径。媒体是大众获取信息的主要渠道，政府可以利用各种媒体工具，如电视、电台、报纸、网络等，开展多层次、全方位的工匠精神宣传活动。宣传内容不仅要介绍和解读工匠精神，还要讲述一些具有工匠精神的人和事，使公众真切感受到工匠精神的魅力。政府还可以通过举办一些以工匠精神为主题的大型活动，如工艺展览、技能大赛等，为公众提供更多接触和了解工匠精神的机会。

为了更好地培育工匠精神，还需要培育公众的消费观。公众的消费观念和行为在很大程度上影响着市场的走向。如果公众更愿意购买质量优良、工艺精湛的产品，那么市场就会对这种产品有更大的需求，进而推动企业追求更高的工艺水平和产品质量。因此，政府应该通过各种方式，引导公众形成对产品质量和工艺的高要求，形成尊崇工匠精神的消费观。

（二）完善技能人才培养体系

为了完善技能人才培养体系，首先需要在教育政策上给予技能教育足够的重视。长期以来，理论知识教育在我国的教育体系中占据主导地位，而技能教育没有得到应有的重视。然而，在现代社会，各行各业对技术技能人才的需求日益增长，这就要求教育部门重新审视并调整教育政策，提高技能教育的地位。在教育资源分配上，政府应该加大对技能教育的投入，为技能教育提供足够的资源保障。具体来说，可以从以下几个方面着手：一是加大对技术技能人才培养的财政支持，包括增加对技术技能人才培养的教育经费，提供更多的奖学金和助学金，减轻学生的经济负担；二是提升技术技能教育质量，包括提高教师的教学水平，完善教学设备和教学条件，增加实践教学环节，提供更多的实习和实训机会，让学生在实践中学习和掌握技术技能；

三是拓宽技术技能人才的就业渠道，包括与企业建立更紧密的合作关系，为技术技能人才提供更多的就业机会，提升技术技能人才的社会地位和待遇。

此外，教育主体还需要打造一流的技术技能人才培养基地，包括硬件设施和软件环境。在硬件设施方面，要建设和改善技术技能人才培养的教学设施和实训设施，为技术技能人才提供先进的学习和实训环境。在软件环境方面，要营造尊重技术技能、鼓励创新、追求卓越的学习环境，让学生感受到技术技能的价值和魅力，激发学生学习和掌握技术技能的热情和动力。同时，教育主体还应邀请一流的企业和专家参与技术技能人才培养，让学生有机会直接接触和学习先进的技术，提升他们的技术水平和职业素养。

（三）营造良好的产业环境

产业环境对工匠精神的培育起着至关重要的作用，直接影响着工匠精神能否得到有效传承和实践。充满活力、公平竞争的产业环境能为企业和个人提供积极进取、精益求精的氛围，鼓励企业和个人以工匠精神为标准，追求卓越的工艺，不断提高产品和服务质量。反之，如果产业环境中存在市场垄断、不正当竞争等问题，就会阻碍企业和个人充分展现工匠精神。产业环境对工匠精神的认同和尊重程度，直接关系到工匠精神能否被广泛接受和践行。尊重技术、技能和创新的产业环境会为工匠精神的传播提供有力的支持。在这样的环境中，工匠精神不仅能得到认可，还可能因其带来的高质量产品和服务而受到推崇。同时，这样的环境有利于吸引更多有志于追求工匠精神的年轻人投身相关的行业。产业环境的健康发展也有利于工匠精神在各个层次和领域的推广。良好的产业环境鼓励多元化发展，接纳不同的产品和服务，促使工匠精神在各个领域得到广泛应用，形成广泛的影响力。同时，良好的产业环境可以为工匠精神的长期发展提供保障。通过产业政策的调整，如增加对创新和研发的支持、提供技能培训等，政府可以为工匠精神的发展提供更多的资源和机会。

为营造良好的产业环境，为工匠精神的培育提供良好的发展基础，政府需要制定和执行相关政策。具体来说，政府应当优化产业政策，更积极地鼓励和引导企业在产品和服务中体现出工匠精神。政府可以通过加大对创新研发的支持力度，如提供税收优惠、资金扶持等，激励企业投入更多的资源进行创新研发，从而使产品和服务达到更高的标准。同时，政府需要对市场进行有效管理，维护公平竞争的市场秩序。例如，政府应积极打击假冒伪劣产品，严厉查处违法违规行为，保障消费者权益，同时保护具备工匠精神的企业和个人的权益。这样的举措对激发企业和个人追求工匠精神、培育和传承工匠精神具有积极的推动作用。政府还应该积极推动相关行业标准的制定和更新，引导企业提升产品和服务质量。例如，政府通过指导相关行业标准的制定，对产品和服务质量进行规范，并定期对企业的产品和服务进行检查，对不合格的产品和服务进行处理，保障消费者的权益。

（四）建立健全法治环境

强大且公正的法治环境能为工匠精神的培育提供必要的保障。对于致力于技术技能提升和产品创新的工匠来说，他们的努力和付出需要得到法律的充分保护，这样才能激发他们持续的积极性和创新力。例如，强化知识产权保护，通过严惩侵犯知识产权的行为，对原创技术、设计和产品给予充分保护。另外，创新型企业的研发投入和商业模式同样需要得到法律的保护和支持，只有这样，它们才能在市场竞争中持续发展。

公正、透明、健全的法治环境可以有效地引导消费者、企业等的行为，使他们认可和尊重工匠精神。例如，以法律的形式设定严格的产品质量和服务标准，要求企业和个人遵循工匠精神，达到提升整个行业水平的效果。同时，法治环境能通过对不良行为的制裁，维护市场秩序，为践行工匠精神创造一个公正的竞争环境。

第五章　工匠精神培育与高职人才培养

第一节　工匠精神对高职人才培养的启示

一、高职教育与应用型人才培养

（一）高职教育的特征

高职教育是我国高等教育的重要组成部分，包括高等职业专科教育、高等职业本科教育、研究生层次职业教育，是我国职业教育体系中的高层次教育，肩负着为经济社会建设与发展培养人才的使命。高职教育一般由省政府管理，省政府会在国家政策的指导下，根据实际需要结合就业状况等进行每年的招生。目前，我国已建成世界上规模最大的职业教育体系，高职院校每年培养大量的高素质技术技能人才，职业教育实现了历史性跨越。如何进一步推动高职教育高质量发展已成为时代的重要课题。

高职教育以满足社会的人才需要为目标，主要培养学生的技术应用能力，强调理论要与实际应用相结合，旨在使毕业生具备直接上岗工作的能力。高职教育具有鲜明的特征，主要体现在以下几个方面（如图 5-1 所示）。

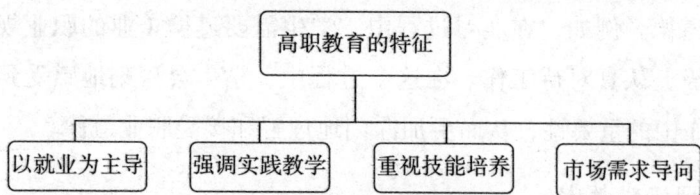

图 5-1 高职教育的特征

1. 以就业为主导

以就业为主导的首要任务是培养学生的职业素养，使他们在专业知识的学习过程中，逐步形成适应特定职业的能力和素质。因此，学生在学习过程中，除了需要掌握一定的专业知识，还需要熟练掌握应用技能，形成良好的职业习惯，以满足未来工作的需求。在实际教学过程中，高职教育强调学以致用，通过模拟实际的工作环境，让学生接触和解决实际问题，从而提高学生的实践操作技能，以及应对和处理问题的能力，有利于他们在未来的工作中灵活应用所学，提高工作效率。

高职教育还强调对学生职业道德的培养。职业道德的培养并非简单地对专业行为进行规范，而是一种对个人品质的全方位要求。职业道德涵盖很多方面，包括但不限于对工作的热爱和尊重；对待工作认真、负责的态度；尊重同事和客户；遵守职业规则和法律法规，以及良好的团队精神和公平正义的价值观等，这些内容在个体职业生涯中扮演着举足轻重的角色。一个具备良好职业道德的人，其行为举止、决策选择及对待工作的态度，都会受到自己内在道德标准的影响，而职业道德的内容与工匠精神在价值取向上具有内在一致性。

高职教育强调职业道德培养的目的在于帮助学生形成正确的职业观，明确他们在未来职业生涯中应遵循的道德准则。为此，高职教育往往在课程中融入专门的职业道德教育环节。在此过程中，教师会通过各种方式引导学生理解和领悟职业道德的重要性。例如，设计一些案例分析活动，让学生分析和讨论在某些具体的工作场景中应该如何遵循职业道德，如何做出符合道德规范的决策。教师还会利用实践教学的机会，鼓励学生在实践活动中体验和实践职业道德。例如,在实习过程中,学生需要遵循企业的职业规则,尊重同事和上级,认真对待工作。在这个过程中,学生会深刻地感受到职业道德在实际工作中的重要性,从而更加深刻地理解和接受职业道德。

2. 强调实践教学

实践教学作为高职教育的重要组成部分,其实质是通过实践活动让学生学习和掌握专业知识和技能,并通过将理论与实践相结合,进一步提高解决实际问题的能力。在高职教育中,实践教学所占比重大,与高职教育的属性有关。高职教育的最终目标是让学生在毕业时具备独立胜任工作岗位的能力,而这需要学生具备丰富的实践经验和扎实的操作技能。因此,高职院校将大量时间和资源投入实践教学中,旨在让学生学习和掌握知识,提高实际动手能力。

高职教育在实践教学方面有多种形式。例如,学生可以在实验室亲手操作各种设备和仪器,进行各种实验,从而更加深入地理解和掌握理论知识。又如,通过校企合作,学生可以在企业中实习,亲身感受真实的工作环境,提前接触业界的最新技术和发展动态,这对提升学生的就业竞争力大有裨益。职业教育的实践教学还包括毕业实习、实训、设立创新创业项目等形式,这些实践教学活动让学生有机会接触实际的工作环境,甚至直接参与相关工作,解决实际问题,这无疑对提高学生的职业素养有着重要作用。

3. 重视技能培养

技能培养是指对学生进行系统的技能训练,使其掌握一定的实用技术和操作技巧,以满足特定职业的需求。与传统的教育方式相比,高职教育更强调技术的实践和应用,更注重培养学生的动手能力和解决实际问题的能力。在教育过程中,教师不再只是知识的传递者,而且是技能的引导者和学生实践活动的设计者。他们以学生为中心,设计各种实践教学活动,引导学生通过实际操作学习和掌握技术技能,提高技术应用能力。

在具体的教学实践中,高职教育重视培养学生的实际操作技能,旨在让他们可以熟练运用所学专业技术。例如,在机械工程领域,学生需要掌握熟练操作各种机械设备的技能；在电子技术领域，学生需要掌握电路设计和焊接等技能。这些操作技能的训练通常在模拟真实工作环境的实验室或实训基地进行。在技能导向的高职教育模式下，学生通过学习不仅能掌握所学专业的理论知识，更重要的是能掌握实际的职业技能，从而应对复杂多变的工作环境。这种教育模式让学生在校期间就有机会亲身体验职场环境和真实的工作内容，有助于未来更好地适应社会，提升就业竞争力。同时，技能导向的高职教育也注重对学生职业素养的培养。这不仅包括技能的提升，更包括职业道德、团队精神、问题解决能力等素质的提升。这种教育模式鼓励学生以积极的态度面对挑战，用创新的思维解决问题，从而能够在未来的工作中独当一面。

技能导向的高职教育还注重培养学生的问题解决能力，包括识别问题、分析问题、提出解决方案、实施解决方案等。在教学过程中，教师会设计常出现的实际问题让学生解决，如设置设备故障的情境，让学生通过分析故障原因和查阅相关资料，找出解决方法，再通过实际操作修复故障。这种教学方式可以让学生在实际操作中提高问题解决能力，为未来的职业生涯打下坚实的基础。

4. 市场需求导向

当今的职业教育不再是封闭的、僵化的，而是根据市场需求不断调整和更新，以满足不断变化的社会需要。对于教学内容，高职教育始终保持对新知识、新技术的关注，立足对未来职场需求的预测，把握行业发展的脉搏，及时将最新的知识和技术纳入教学内容，保证学生所学知识能够适应社会的发展。

教学方法也是高职教育市场导向理念的重要体现。传统的教学方法可能无法满足社会对高技能人才的需求，高职教育则在教学方法上进行创新，以提高学生的技能和素质。例如，模拟真实工作环境的教学方法能够让学生提前感受和适应工作节奏，从而增强实际操作能力和问题解决能力；项目式教学法可以让学生在实际项目中学习和掌握知识，提高团队协作能力和项目管理能力。

在专业设置方面，职业教育更是紧跟社会发展步伐，根据行业发展和市场需求，灵活调整专业设置，如设立新的专业、取消或合并一些不再符合市场需求的专业，确保学生所学专业能够适应社会的发展。例如，随着互联网行业的发展，高职教育设立了网络技术、大数据等新的专业；随着新能源汽车行业的崛起，高职教育设立了新能源汽车技术专业。这些都充分体现了高职教育的市场导向特征。

（二）应用型人才培养概述

1. 应用型人才培养的内涵

应用型人才是指能将专业知识和技能应用于所从事的专业社会实践的专门的人才类型，是熟练掌握社会生产或社会活动一线的基础知识和基本技能，主要从事一线生产的技术或专业人才。具体到教育领域，应用型人才培养指的是培养一类具有深厚专业知识和技能，并能将这些知识和技能有效应用于实际工作的专业人才。应用型人才是社会经济发展的重要支撑，通常具备良好的职业素质、实际操作能力以及解决实际问题的能力，他们的培养与提升对推动社会经济持续发展具有重要作用。

应用型人才的一大特点在于其应用性和实践性。他们不仅能深刻理解理论知识，而且具备较强的实际操作能力和丰富的实践经验。应用型人才应用理论知识解决实际问题的能力通常强于一般的学术型或研究型人才。对于应用型人才来说，理论知识并非抽象的概念，而是能够直接服务于实际工作、解决实际问题的工具。这种强调知识和技能应用的特点，使得应用型人才能够迅速适应工作并解决各种问题。应用型人才培养的另一个重要特点是其素质结构的针对性和特定性。应用型人才的知识和技能通常能够直接应用于某一特定行业或领域的实际工作，这就要求在培养应用型人才时，教育者需要对该领域的实际需求有深入的了解，以便设计出更为贴近实际、更能满足行业需求的课程和教学方案。这种具有针对性和特定性的培养方式不仅有助于提高教育的有效性，而且有助于应用型人才更好地适应工作环境，提高工作效率。

应用型人才的培养充分体现了教育的实用性和服务性。教育的目标不仅仅是传授知识，更重要的是培养学生的能力，帮助他们更好地服务社会，而应用型人才的培养正是这一目标的具体实现。学生通过学习和实践不仅掌握了专业知识，而且培养了可以直接服务社会、推动社会进步的技能。这种具有实用性和服务性的培养方式强调了教育与社会实际需求的紧密联系，使得教育不再是孤立的，而是与社会发展紧密相连、为社会发展提供创新动力的重要主体。当然，应用型人才的培养并非一蹴而就的，需要教育者、学生、企业和社会各方的共同参与和努力。教育者需要对行业和专业有深入的理解，设计出实用、创新的课程，引导学生深入理解和掌握专业知识，提升实际操作技能；学生需要积极参与学习和实践，通过不断尝试和挑战，提升知识水平和技能水平。企业和社会则需要提供实习和工作机会，同时通过即时反馈，帮助教育者调整教学内容、优化教学方式。

2. 应用型人才培养的意义

从社会发展对人才的需求角度来看，社会经济发展的快速推进，引领着科技进步的大潮。随着新的科技和产业的出现，社会对人才的需求也在不断变化，特别是对应用型人才的需求更加强烈。例如，随着人工智能、大数据和云计算等高新技术的快速发展，社会对掌握这些技术，并能够将其应用于实际工作的应用型人才的需求大增。同时，随着社会生活的不断发展和变化，公共服务、健康医疗、教育培训等领域也对应用型人才有着极大的需求。因此，应用型人才的培养能够满足这些行业的人才需求，推动社会经济的发展。从学生个人发展的角度来看，应用型人才的培养有助于提升他们的职业竞争力。在日益严峻的就业环境中，应用型人才更容易找到满意的工作，也能够在工作中更好地解决问题，提升工作效率，从而进一步拓宽职业发展空间。

二、工匠精神对高职教育的启示

（一）理念启示

工匠精神与高职教育的目标和追求具有高度的契合性。这种理念的契合不仅为高职教育的人才培养提供了思想指引，同时为学生树立职业理想、形成良好的职业道德观提供了重要的价值借鉴。

高职教育旨在培养具备专业技能、职业道德和社会责任感的应用型人才，这与工匠精神倡导的专注、专业和专研的理念非常契合。将工匠精神融入教育过程，学生能够在学习专业知识的同时，逐渐形成精益求精及坚持创新的品质。这是对学生专业素养的全面提升，同时会增强学生的职业竞争力，从而使学生更好地为社会发展贡献力量。同时，工匠精神作为高职教育的一种重要理念，能够引导学生在求学过程中，形成专注、敬业、追求卓越的态度。这种态度能够使学生在学习过程中始终保持提升自身职业技能与综合素养的热情，更好地规划自身职业的长远发展。这一切无疑对学生的全面发展、形成良好的职业道德观、增强竞争力有着积极的推动作用。①

（二）方法启示

在高职教育的人才培养过程中，工匠精神不仅发挥着理念指导的作用，同时是一种教学思想与教学方法。工匠精神的培育是一个育人的过程，不仅要求学生熟练掌握具体技艺，而且要求学生对责任、敬业、追求卓越等价值观念有深刻理解，这就需要学生在实践中不断体验、反思和修正。高职教育同样强调技能的培训和实践教学，尤其注重将理论知识与实践技能紧密结合，使得学生能够在实践中掌握技能，理解和解决实际问题。这一点与工匠精神高度契合。

高职教育注重实践教学的特点与工匠精神倡导的实践出真知的理念相得益彰，在这种教育模式下，学生有更多参与实践活动的机会，感受和体验从零开

---

① 柳琼.民族复兴："中国梦"视角下高职院校"工匠精神"传承与发展 [M].成都：电子科技大学出版社，2018：181-183.

始、从错误中学习和提高的过程，从而深刻理解工匠精神的内涵。这种实践教学方法不仅能让学生在实践中掌握一技之长，更能让学生在实践中形成对工匠精神的认同和对职业的尊重，有助于学生全面提升职业素养，坚定职业理想。通过实践教学，学生能够对工匠精神有切身的体会，在理论与实践的结合中感受工匠精神包含的责任感、敬业精神、追求卓越与创新的价值观，进而更深刻地理解和接纳工匠精神。对于高职教育来说，这种方法无疑为人才培养开拓了新的维度，使得人才培养更具针对性，更有利于学生的个性发展和未来的职业发展。

第二节　构建以工匠精神为核心的人才培养模式

一、革新高职人才培养理念

（一）贯彻社会主义核心价值观

社会主义核心价值观是社会主义核心价值体系的内核，体现社会主义核心价值体系的根本性质和基本特征，反映社会主义核心价值体系的丰富内涵和实践要求，是社会主义核心价值体系的高度凝练和集中表达。社会主义核心价值观对工匠精神的培育及应用型人才的培养有着重要的指导作用，具体体现在为应用型人才的培养提供价值取向上，是培育工匠精神的精神灵魂。

在构建以工匠精神为核心的人才培养模式过程中坚持社会主义核心价值观的指导，正是因为社会主义核心价值观为新时代中国特色社会主义建设各方面的实践提供了道德支撑和价值引领，高职教育作为重要的社会实践，自然也包含于其中。工匠精神是职业教育的灵魂，要求人们追求卓越和精益求精，这与社会主义核心价值观的价值目标是一致的。坚持社会主义核心价值观的指导，可以使高职院校在培育工匠精神的过程中始终保持正确的价值导向，不偏离教育的正确发展方向。社会主义核心价值观是一种深入人心的力量，它通过对个体行为的道德规范和价值引导，促进社会和谐与个体的全面发展。在构建以工匠精神为核心的人才培养模式过程中，社会主义核心价值观提供了坚实的价值基础和道德保障。工匠精神的实质是追求卓越，尽善尽美，而社会主义核心价值观为这种追求提供了道德指南和价值标准。因此，社会主义核心价值观对坚持工匠精神、构建以工匠精神为核心的人才培养模式，具有非常重要的指导意义。

在构建以工匠精神为核心的人才培养模式过程中，社会主义核心价值观的指导作用还体现在对学生进行思想道德教育方面。在工匠精神培育与应用型人才培养的过程中，社会主义核心价值观作为学生心中的道德灯塔，能够指引学生追求精益求精的精神，不断提高自身的技能水平和综合素质。同时，社会主义核心价值观是学生内心的道德锚，能保证学生在面对各种困难和挑战时始终坚守信念，坚持原则，不放弃追求的目标。因此，坚持社会主义核心价值观的指导是构建以工匠精神为核心的人才培养模式的重要保证。

（二）坚持全面发展的教育理念

全面发展的教育理念指通过教育实践促进学生身心协调、全面、自由发展。单纯的理论知识与实践技能教学不是教育的全部，工匠精神的培育也重视对学生思维、个性、情感、认知的培养与提升。工匠精神的培育是以社会的实际需求为出发点；以工匠精神的传承与创新为特点；以提升学生的综合素质为目标；以促进学生全面发展为价值追求的新时代教育模式。工匠精神包含不同类型的素质，而全面发展的教育理念符合工匠精神培育的内在要求，因此，工匠精神的培育必须以全面发展的教育理论为指导，这就需要高职院校对全面发展的教育理论的内涵有一个整体的把握。全面发展的教育理论的内涵主要由以下几点构成。

1. 注重学生身心健康的协调发展

在构建以工匠精神为核心的人才培养模式过程中，高职院校应该重视学生的身心健康。健康的身体和心理状态是学生学习理论知识和掌握专业技能的前提。工匠精神的培育不仅关注学生的技术技能或理论知识，还涉及对学生身心健康的全面关怀。健康的身体是个体开展实践的基本保障，健康的心理状态能够激发个体的创新能力和批判性思维。健康的身体意味着学生能够承受长时间的学习和实践，探索新的技术，解决复杂的问题。工匠精神不仅仅是手艺的传承，更是对工作的专注和坚守。只有身体健康的人，才能在面对工作中的挑战和压力时保持恒心和耐力，才能更好地在工作中发扬工匠精神。同时，健康的心理状态是激发和保持学生创新精神的关键，工匠精神是对完美的追求、对创新的渴望、对专业技艺的尊重和热爱，这些都需要健康的心理状态作为支持。如果学生能够保持乐观、积极的心态，就能积极面对挑战，勇于尝试新的事物，有勇气去创新、超越。因此，促进学生身心健康协调发展是培养工匠精神的重要一环。只有拥有健康的身体和心理状态，学生才能真正理解并发扬工匠精神，真正实现自我价值和社会价值。

2. 重视学生综合素质的提升

在构建以工匠精神为核心的人才培养模式过程中，高职院校应该重视学生综合素质的提升。学生不仅需要具备高超的技术技能和丰富的专业知识，还需要具备良好的思维能力、沟通能力、团队合作能力和创新能力。这些综合素质既是工匠精神的要素，也是应用型人才培养的题中之义。

综合素质的提升不仅意味着提高学生的技术技能和拓展其知识的广度，更重要的是帮助学生完成从理论到实践的转变，并在实践中不断培养和提升创新能力。工匠精神所强调的也是理论与实践的结合，要求人才不仅要精通专业技术，而且要拥有良好的思维能力，以便在面对复杂问题时能够深入分析、独立思考，找到最佳的解决方案。沟通能力和团队合作能力在工匠精神的培育过程中同样重要。具备工匠精神的劳动者不仅需要具备精良的技术，同时需要能够在团队中分享自己的知识和经验，与他人合作完成复杂的任务，还需要拥有良好的沟通技巧，以便能够清楚、有效地表达自己的想法，理解和接受他人的观点。团队合作能力能使学生在团队中发挥更大的作用，实现共同的目标。创新能力是工匠精神的重要组成部分。工匠精神不仅强调对技艺的传承，更强调对技艺的创新。在现代社会，科技发展迅速，新的问题和挑战不断出现，新的社会需求如雨后春笋般涌现，这就要求学生能够灵活适应这些变化，利用自己的知识和技能制订出新的解决方案。因此，注重学生综合素质的提升是工匠精神培育的重要策略。教师在教学中不仅要传授学生技术技能和专业知识，更重要的是引导学生树立正确的价值观，培养他们的思维能力、沟通能力、团队合作能力和创新能力，这样他们才能在未来的生活和工作中充分发扬工匠精神，为社会发展做出贡献。

3. 全面发展是有重点的发展

注重学生的全面发展，并不意味着要求学生在所有方面都达到顶尖水平，而是强调多种素质的协调提升。从工匠精神的内涵中可以看出，其追求对特定专业领域的精益求精，因此，这里所说的全面发展是一种有重点、突出专业性的全面发展，不是简单地求全求大。高职院校应该在注重学生身心健康的基础上，对学生的技术技能和专业知识进行有针对性的培养，让学生成为专业领域的工匠，这是工匠精神的本质要求。

有重点的发展意味着高职院校在人才培养中应该明确教育的重点，既要保证学生的全面发展，也要保证他们在特定领域的深度发展。例如，在工匠精神的培育过程中，教师不仅要注重提高学生的专业技术水平，也要注重培养他们的创新能力、问题解决能力以及协作精神。这样学生不仅能够掌握一技之长，还能具备解决现实问题和适应社会变化的能力。同时，工匠精神强调的是对技艺的专注和不懈追求，这需要学生有强烈的专业兴趣和持久的毅力。因此，在教育过程中，教师应该尊重学生的兴趣，让他们在自己感兴趣的领域深入发展，实现自身的价值。此外，工匠精神也强调人格的完整和个性的发展，这就要求教师尊重学生的个性，允许他们在对专业技艺的追求过程中发挥自己的特长和风格，而不是机械地模仿和复制。

（三）科学运用混合学习理念

1. 混合学习理念的内涵

混合学习理念诞生于20世纪末，是一种倡导将新型教学方式应用于课堂的教学理论。虽然国内外学者对混合学习的定义有所不同，但基本观点总体一致。具体来说，混合学习就是传统课堂学习与新媒体、信息技术、网络技术等现代技术的充分结合，是传统课堂学习与网络学习的结合和互补。混合学习理念具有鲜明的时代性，是伴随着时代发展和一系列新教学技术的产生而诞生的教学理念，强调线上教学与线下教学相结合的教学模式。

混合学习理念具有与时俱进的特点，其内涵随着技术的进步而不断丰富，本质是在人才培养过程中重视各教学要素的融合。混合学习理念的侧重点在于教学方式的改革，主要任务是以此为依据构建新型的课程体系。

2. 混合学习理念在构建以工匠精神为核心的人才培养模式中的应用

在构建以工匠精神为核心的人才培养模式过程中，无论是教学内容还是教学方式，都与传统的人才培养模式有非常大的区别。在教学内容上，以工匠精神为核心的人才培养模式注重理论与实践的结合。这意味着教师需要提供更多的实践机会，并在理论教学中注入实践元素，以使学生更好地理解和应用所学的理论知识。这一方法强调了对学生批判性思维和问题解决能力的提升，而不仅仅是对技能的掌握。在教学方式上，以工匠精神为核心的人才培养模式强调以学生为中心和以问题为导向的学习。学生不再是被动地接受知识，而是积极参与学习过程，对问题进行深入研究，寻求解决方案。这种方式鼓励学生自我发现，自我学习，从而培养和提升适应不断变化的工作环境的能力。以工匠精神为核心的人才培养模式还将企业和行业作为教育的重要组成部分。通过实习、实训、工作坊等方式，学生可以直接接触真实的工作环境，理解行业需求和标准，从而更好地进行职业规划和技能提升。在这种教育内容与教育方式的革新中，强调基于技术发展推动教学方式改变的混合学习理念能发挥良好的指导作用。

更新教育理念，推进教育创新发展，需要在教学实践层面进行改革与创新，混合学习理念着眼于具体的教学环节，对以工匠精神为核心的人才培养模式的创新发展具有重要的指导意义。

混合学习理念最直接的体现就是教学方式的革新、教学结构的优化和教学手段的创新。在以工匠精神为核心的人才培养模式中，为了实现育人模式的创新进步，不能仅依赖传统的教学模式，而要探索新的教学策略，以在现代化的教学环境中培养学生的核心素养。混合学习理念通过整合多种教学方法，增强学生获取知识的渠道，从而支持跨学科学习。混合学习理念强调了网络教学技术的关键性。在课堂教学中，教师可以充分利用现代化的教学技术，为学生提供丰富的材料，从而不断拓宽学生的知识视野。这使得教学过程更为直观，知识的获取更为便捷，在保证学生学习效果的同时，提升了学习效率。

3. 明确混合学习的类型

在以工匠精神为核心的人才培养模式中，若想充分发挥混合学习理念的作用，就必须明确混合学习的类型。混合学习主要分为三种类型，分别是基本型混合、增强型混合及转变型混合。

基本型混合指的是通过不同的教学形式提升教学的灵活性，拓展学习的路径，为学习者创造更多的学习机会。这种方式的特点是易于操作和实现。基本型混合是最基本的混合学习类型，具体到工匠精神培育中，就是通过融合不同的教学形式，提升学生学习的灵活性，扩展学生学习的路径，为学生创造更多的学习机会。

增强型混合指的是通过创新教学方法，改善教学活动，为课堂教学提供良好的辅助。这种混合学习类型注重传统教学与网络教学的有机融合。新技术的运用是提升教学质量最直接的方法，在工匠精神的培育中，新技术的运用可以提高教学质量，激发学生兴趣，且有助于培养学生的创新精神和批判性思维。例如，在工匠精神的培育中，利用互联网和移动设备进行在线教学，可以实现教学资源的共享，方便学生随时随地学习。同时，教师可以利用社交媒体、在线讨论等方式激发学生参与课程讨论的积极性，从而增强教学的互动性。有条件的学校还可以将人工智能技术引入教学实践中，人工智能技术可以分析学生的学习需求和兴趣，为每个学生提供定制化的学习资源，帮助教师开展个性化教学。此外，人工智能技术还可以帮助教师进行学生评估、作业批改等工作，提高教学效率。

转变型混合会使教学法产生明显的转变，学生的学习方式也会随之产生明显的变化。学生不再被动地接受知识，而是通过动态交互成为知识的建构者。这种混合学习方式对技术的依赖较大，如果缺少技术的支持，将很难实现预期的人才培养目标。例如，将课堂实时反馈系统引入课堂教学，教师可以通过该系统实时了解学生的学习状况，及时调整教学策略，提高教学质量。

4. 发挥教师的引导与监控作用

教师是课堂教学的主导者，是工匠精神培育的重要组成要素。混合学习理念重视传统教学方式与网络教学的融合，无论是传统教学方式还是以网络教学为代表的新型教学方式，若想科学有序开展，实现人才培养目标，就离不开教师的引导与监控。因此，在混合学习理念的指导下，以工匠精神为核心的人才培养模式需要重视教师作用的发挥。在重视素质教育和强调教育改革的今天，如何创新教学模式，使学生真正成为教学活动的主体，是现代教育追求的目标。明确学生在教学活动中的主体地位并不代表着忽视教师在教学过程中的主导作用，因为学生的学习能力和思维能力仍处于不断成长与提升的过程中，所以，在面对新的知识或疑难问题时，必须充分发挥教师传道、授业、解惑的作用，帮助学生更好地学习和掌握新的知识。教师的另一重要职能是监控学生的学习过程，及时发现学生在学习过程中存在的问题，并及时帮助学生解决问题，从而使学生以更好的状态开展学习。

（四）注重发挥校企协同育人的作用

1. 校企协同育人的内涵

世界合作教育协会对校企协同育人有一个相对清晰、明确的定义，即在教学过程中，校企双方通过合作帮助学生将从学校习得的相关理论知识运用到实际工作当中，同时，将在工作中遇到的问题带回学校，促进学校教学的发展。该定义不仅阐释了校企协同育人的内涵，而且对校企协同育人的基本方式和目标指向做出了说明，即学生通过往返于学校与企业，进行知识与实践的整合。

随着国家对产教融合重视程度的不断提高，越来越多的学校以产教融合理念为指导，运用校企协同育人的方式进行专业人才的培养，不仅如此，学界关于校企协同育人的研究也不断增多。有学者认为，校企协同育人指的是以为社会培养合格的劳动者为目标，以提升高校教育质量与劳动者综合素质为指向，开展院校与相关企业之间的合作，将学生的理论知识与实践技能相结合，最终推动社会经济的发展。这个定义进一步丰富了校企协同育人的内涵，明确了校企协同育人的目标。[1]

综合学界对校企协同育人内涵的研究，研究者主要从校企协同育人的性质出发，剖析校企协同育人的本质与运行机制，观点主要有以下几种。

（1）模式说。所谓模式说，即将校企协同育人的本质定义为一种人才培养模式，认为校企协同育人是一种充分利用学校与企业的教育资源，将课堂知识教学与实践技能训练相结合的人才培养模式。

该观点认为，既然校企协同育人的本质是一种人才培养模式，那么就应该强调人才专业发展的重要性，重视校企协同育人的教育作用与具体合作形式的构建，其主要内容应该紧紧围绕人才培养这一核心目标展开。校企协同育人需要学校与企业之间展开全方位、多领域的合作，包括资源、技术、科研、信息合作等。

在人才培养过程中，学校和企业要充分发挥各自的资源优势。例如，学校要使学生学到丰富的专业理论知识，而企业要帮助学生将学到的理论知识应用到实践中，通过提供更多的实践训练提升学生的实操水平，深化学生对理论知识与实际工作的认知，从而增强学生的专业素养。

校企协同育人在培养和提升人才专业素质的同时，对学校与企业的发展也具有巨大的促进作用。对于学校来说，首先，校企协同育人能够帮助它丰富人才培养方式，优化人才培养模式，提升人才培养质量。其次，学校还可以通过校企协同育人与企业联合进行教师培训，提升教师队伍的质量。对于企业来说，可以通过校企协同育人源源不断地获取高素质人才，为自身的进一步发展提供人才保障。

综上所述，模式说将校企协同育人看作一种人才培养模式，一种学校、

① 李德方.省域职业教育校企合作研究：基于江苏实践的考察[M].苏州：苏州大学出版社，2019：24-26.

企业和个人的联合发展模式，通过校企充分合作展开人才培养，最终实现学校、学生与企业的共赢。

（2）机制说。机制说认为，校企协同育人的本质是一种以社会和市场发展需求为导向的运行机制，强调校企协同育人过程的运行方式及各要素（学校、企业、学生等）之间的结构关系。

机制说认为，校企协同育人是以提升学生的综合能力为重点，以培养符合市场与企业需求的应用型人才为目标，充分利用学校与企业的资源，采取课堂教学与工作培训相结合的教学方式，培养能够适应不同岗位的高素质应用型人才的教育模式。其中，企业是校企协同育人的主体，学校是主导，作为培养对象的学生以及学校与企业的教育资源则是连接学校与企业的纽带。机制说通过剖析校企协同育人中各要素之间的关系及运行方式阐释了校企协同育人的内涵。

在校企协同育人的概念界定上，机制说与模式说有很多相似点，但两者对校企协同育人本质的认识存在较大的差异。与模式说将校企协同育人作为一种人才培养模式不同，机制说认为校企协同育人是一种联通教育活动与生产活动的运行机制，强调对校企协同育人的内容、目标、模式等进行明确定义。机制说认为，校企协同育人的基本内涵是产学合作，发展路径是工学结合，目标是提升学生的综合素质，为社会和企业的发展提供人才保障。

（3）中间组织说。中间组织说从功能的视角审视校企协同育人，将校企协同育人看成是沟通学校与企业的桥梁，是连接课堂教学与生产实践的纽带，是帮助学生从校园走向社会的重要路径。中间组织说认为，校企协同育人的本质是一个介于学校与企业之间的组织。

中间组织说强调校企协同育人的纽带作用，与机制说强调校企协同育人在育人方面的功能性不同，中间组织说强调校企协同育人在整个育人体系结构中的作用。[1]

综上所述，校企协同育人指的是学校和企业以培养新时代发展所需的人

---

[1]　伍俊晖，刘芬 . 校企合作办学治理与创新研究 [M]. 长春：吉林大学出版社，2020：6-7.

才为目标，充分利用学校与企业的教育资源和教育环境，将课堂知识教学与生产实践训练相结合，展开深入合作，培养高素质技能型人才，进而推动社会经济发展的人才培养模式。

2. 校企协同育人的作用机制

（1）协同开发课程。协同开发课程是校企协同育人的重要内容之一，也是工匠精神培育的重要环节。课程是教学的基本载体，无论是理论教学还是实践训练，都要基于课程展开。协同开发课程涉及学校和企业如何调动自身教育资源共同开发课程，并使课程内容更贴近实际工作，以培养学生的实际工作技能。在这种模式下，学校不仅要关注理论知识的教授，更要重视实际操作技能的传授。因为在今天，企业对具备专业知识，同时能将这些知识运用于实际工作的人才的需求越来越大。

在协同开发课程的过程中，学校与企业可以将工匠精神的相关内容与实际教学内容有机融合在一起，将工匠精神渗透到教学实施过程中，从而有效增强工匠精神的培育效果。

（2）协同组织实习、实训。在校企协同育人中，协同组织实习、实训有助于学生在真实的工作环境中获得实践经验，从而更好地理解和掌握所学知识，增强职业素养和技能，进而为将来的工作做好准备。此外，协调组织实习、实训是教育者了解和企业反馈课程设置和教学质量的重要途径，也是企业对未来潜在员工进行考察和选拔的重要机会。

（3）推进教育资源共享。学校与企业掌握着不同的优势教育资源，在传统的教育模式下，两者的优势教育资源很难真正统一在一起，而校企协同育人能够更好地将二者整合，推进教育资源共享。在这一过程中，学校与企业可以共享彼此的人力、设备和信息资源，从而提高人才培养的效率和质量。

（4）人才输送与交流。校企协同育人可以通过育人主体的整合，更好地实现多元主体内部之间优秀人才的沟通、输送与交流。对于学校来说，将培养的优质人才输送到社会，既满足了社会对专业人才的需求，也提升了自身的声誉。对于企业来说，既可以得到兼具专业知识与技能的新员工，为自身发展注入新的活力，同时为内部员工提供了进一步提升技能的机会。

企业原有员工已经拥有了丰富的工作经验，但在某些专业知识或者技能上还存在一些不足，企业可以将其送到学校进修，接受更系统、更深入的专业教育，从而提升他们的专业技能。这样不仅能提升员工的工作能力，也能提升他们的工作满意度和忠诚度，进而提高企业的综合竞争力。

在这一过程中，无论是学校还是企业，都能更好地将工匠精神与专业学习和训练有机结合在一起，促进学生与员工的专业发展及工匠精神的培育。

（五）贯彻创新理念

1. 创新理念的内涵

从一般意义上来讲，"创新"一词指的就是打破现状，创造出新的事物。创新作为一种科学理论，最早诞生于经济领域，伴随着人们对创新认识的不断深化与拓展，创新的内涵逐渐延伸到政治、科技、文化、教育、艺术等领域。创新理念既包含着对旧事物的革新或者替代，也包含着新事物的创造；既有涉及技术性变化的创新，如科学技术创新、生产工艺创新、知识创新等，也有涉及非技术性变化的创新，如理论创新、组织创新、政策创新、管理创新等。但无论何种形式的创新都必须遵循价值性原则和发展性原则，即创新的成果必须具有价值，且能够为社会的发展带来正面效益，否则就不能称之为创新。

创新能够赋予事物新的内涵，改进生产方式，优化生产结构，催生新的理念，是物质与意识世界实现发展不可或缺的推动力。随着时代的发展，创新对社会发展的促进作用日益提升，迈入新时代以来，创新已经成为引领发展的第一动力，成为我国重要的发展理念之一。教育作为社会实践的重要领域，自然也需要贯彻创新理念，这样才能切实提升教育质量。

创新本身是工匠精神的重要组成内容之一，因此，在高职院校的工匠精神培育中，创新理念既要融入教育内容，又要融入教学模式与教学过程。

2. 创新理念在高职教育工匠精神培育中的应用

（1）理念创新。新时代，高职教育经历了从规模化扩张到以质量为中心的内涵式建设的转变，中国特色的高职教育理念在此过程中始终起到先锋作用。从培养高素质劳动者到高素质专门人才的转变、从工学结合到产教融合的逐步演进等，这些变革不仅体现了特定发展时期的职业教育理念变迁，而且是高职教育在不断创新中攻坚克难的见证。

新时代背景下，高职教育面临更多的挑战与机遇。新时代的高职教育应该重视工匠精神培育与专业技能提升的创新融合，应将工匠精神作为核心价值，融入教育的每一个环节。通过实践教学、实习实训等方式，让学生在真实的工作环境中体验工匠精神，培育他们的匠心与匠艺。高职教育的人才观，需要以匠心、匠能、匠艺为目标进行重构，建立专业化和职业化相融通的人才培养体系，使工具理性教育与价值理性教育真正达到水乳交融。新时代的高职教育将是社会化程度更高、开放性更强、人才培养水平更高的职业教育。

（2）教学创新。新时代高职教育的进步与深化，在外部形态未见明显变化的背后，隐含着理念、内容和形式的巨大跨越。深化的内容涉及与社会需求的对接、与专业和产业链的紧密结合，以及与产教融合的深度合作，这些都使得现代职业教育的理念和方法在高职教育中得到深刻体现。高职教育的教学创新正变得日益重要，并在形式、过程与结果上迎来了全新的改变，旨在以更为贴近实际的方式提升教育质量和效果。

工匠精神与高职教育中的教学创新有着深厚的联系。以教学形态为例，可以将全媒体技术引入课堂，从而使教学资源得到更广泛的拓展和利用，这样不仅可以实现名师进课堂，也能使学生更直观地理解抽象的技术原理。这种改变恰如工匠追求卓越的过程，旨在将教育品质提升到最高。教学过程的创新，如知识与技能的结合、理论与实践的紧密连接，都是为了培养学生具有工匠精神的实践能力。此外，教学成果从单纯的数量化向产品化、应用化的转变，也反映了高职教育对工匠精神的尊重。

二、优化高职教育的课程体系

（一）明确课程体系建设的原则

1. 理论与实践相结合原则

在以工匠精神为核心的高职人才培养课程体系构建中，坚持理论与实践相结合原则至关重要。理论教学和实践教学是相互依赖、相互促进的，理论教学能够为学生提供丰富的理论知识，帮助学生理解和掌握各种基础原理，实践教学则使学生有机会将理论知识运用于实践，从而深化对理论知识的理解。首先，理论与实践相结合是知识与技能并重的体现，也是工匠精神培育必须坚持的核心理念。在人才培养实践中，无论是专业技能还是综合素养的提升，都需要以理论知识为基础，而理论知识的积累和掌握，又需要通过实践进行验证和深化。这种理论与实践相结合的学习方式，既能够提高学生的学习效率，也有利于培养学生的创新思维和问题解决能力。其次，理论与实践相结合有助于培养学生的实践能力和创新精神。在高职教育中，实践能力的培养非常重要，且离不开理论知识的支持。工匠精神提倡精益求精、追求卓越，这就需要学生在实践中不断尝试、创新，而这些尝试和创新也需要有扎实的理论知识作为基础。只有理论与实践相结合，才能真正落实工匠精神。理论与实践相结合的原则不仅有利于提高学生的专业素质，也有利于培养学生的创新精神和实践能力。

2. 目标导向原则

目标导向原则强调教育的目的性和前瞻性。目的性即教育活动不应是无目的的、盲目的，而应是有目标的、有方向的。设定清晰、明确的教育目标可以为教育活动提供方向，提高教育活动的效率。前瞻性即教育活动应能预见未来的人才需求和挑战，以更好地满足社会的发展需要。在以工匠精神为核心的高职人才培养课程体系构建中，课程体系的设计和实施应以培养具有新时代工匠精神的高素质创新型人才为目标，明确课程目标，制订实施方案，并做好课程效果的评估和反馈。目标导向原则强调通过设定教育目标，

123

将教育活动与不同的教育环节有机联系起来，形成一个统一的、协调的教育系统，最终使教育活动的效果最大化。

3. 持续性原则

持续性原则强调培养学生持续学习和持续进步的习惯，使其能够在大学期间和毕业后不断践行新时代工匠精神。这一原则对以工匠精神为核心的高职人才培养课程体系构建具有重要的推动作用。工匠精神培育及学生综合素质的提升均不是短期的任务，而是长期、持续的过程，这一过程甚至可以伴随学生一生。高职教育的目标不仅仅是传授学生知识，更重要的是培养学生的学习能力和持续发展能力，因此，在课程体系构建时要注重知识、教育与理念的持续性，构建具备长期性的课程体系，使学生获得系统的、有序的学习经历，并形成持续学习的习惯。这种习惯将伴随学生一生，使其能够不断更新知识、提升能力，并更好地适应社会的发展变化。持续性原则要求课程体系关注学生的持续进步，鼓励学生在大学期间不断追求进步、挑战自我，实现个人潜能的持续释放。通过培养持续进步的习惯，学生可以在大学期间及毕业后持续保持积极进取的心态，这不仅有利于个人职业生涯的长期发展，也符合工匠精神中敬业、专注和持之以恒的价值观。

4. 人本性原则

人本性原则强调尊重学生的主体地位，鼓励学生积极参与、主动学习和自我发展，人本性原则是"以人为本"教育理念在以工匠精神为核心的高职人才培养课程体系构建中的鲜明体现。科学的课程体系不但需要能够帮助学生构建相对完善的知识与技能结构，还要能够激发学生的学习动力和潜能，促进其全面发展。人本性原则强调尊重学生的主体地位。学生是课程体系的主体和学习的主体，应被视为积极的主动参与者。教育者应创造积极的学习环境，激发学生的学习兴趣和动力，通过鼓励学生发表意见、提出问题、参与讨论和合作学习等方式，促进学生思维能力、交流能力和合作能力的提升。

（二）完善以工匠精神为核心的高职人才培养课程体系

1. 以工匠精神为核心制定培养目标

在以工匠精神为核心的高职人才培养课程体系构建中，制定明确的培育目标至关重要。制定明确的培养目标，可以为课程体系的构建与完善提供清晰的方向和指导，确保培养出具备工匠精神的高素质人才。

制定培养目标要以工匠精神的核心价值为指导，包括追求极致、精益求精和专注执着等，并强调技艺、专业和独立思考能力的培养。在技艺方面，培养目标应强调学生具备一技之长；在专业方面，培养目标应强调学生深入学习、理解和掌握所学专业的理论知识，并能在实践操作中运用自如；在独立思考方面，培养目标应强调学生具备自主学习和问题解决能力。在工匠精神的引导下，培养目标还应注重实践能力与创新能力的培养。实践能力指学生能将所学理论知识应用到实践操作中，并能在实践操作中发现问题、解决问题；创新能力指学生不仅能在实践操作中发现问题、提出新的解决方案，而且能创造新的技艺、新的工艺流程。因此，在制定培养目标时，应将实践能力与创新能力作为重要目标，同时应结合行业发展趋势和社会需求，注重前瞻性和时代性。

以工匠精神为核心的高职人才培养目标还应注重学生的品德培养。工匠精神不仅强调对技艺的追求，更是一种职业态度和职业道德的体现。它要求人们对待工作认真负责，对待产品一丝不苟，对待用户真诚热情。因此，在制定培养目标时应将职业道德作为重要的一环，强调学生应具备良好的职业道德素养，对所从事的工作充满热爱和尊重，对用户负责，对社会负责。只有这样，才能真正培养出具备工匠精神的高素质专业人才。

2. 以工匠精神为核心组织教学内容

在以工匠精神为核心的高职人才培养课程体系构建中，组织教学内容的重点应聚焦如何将工匠精神贯穿理论与实践教学的各个环节。首先，高职院校应确立工匠精神为教学的总导向，在教学目标、教学内容、教学方法、评价机制等方面均突出工匠精神，以此为基础，课程内容应该围绕着培养具有工匠精神的高技能人才这一目标，营造一种能体现这一精神的教学环境。其次，高职院校应构建符合高职教育特色的、以工匠精神为核心的教学内容体系。这需要教育者充分把握行业动态，了解行业对技能人才的需求，并将该需求转化为教学目标，然后将教学目标具体化为教学内容。教学内容的设定要具有针对性和实用性，帮助学生在理论学习和实践操作中体会工匠精神的深刻内涵。最后，以工匠精神为核心组织教学内容，高职院校应继续深化教学改革，创新教学手段和方法。例如，实施项目式教学、体验式教学等教学形式，让学生在实际的工作环境中，通过解决实际问题，深入体会和理解工匠精神。同时，高职院校需要基于混合学习理论，通过引入现代信息技术，丰富教学手段，增强教学活力和吸引力，从而激发学生的学习兴趣和主动性，进而更好地组织以工匠精神为核心的教学内容。

3. 以工匠精神为核心推进实践教学

以工匠精神为核心推进实践教学，首先需要明确实践教学的核心目标是培养具有工匠精神的高素质应用型人才。这就意味着，高职院校在实践教学的设计与实施过程中，不仅要让学生掌握技能，更要使他们在实践中理解和感悟工匠精神。为此，高职院校需要构建一种贯穿教学全过程的、以解决实际问题为主线的教学模式。这种教学模式要能让学生在实践操作中感受到工匠精神的存在，体验到追求精益求精的过程。同时，高职院校需要重视课程之间的联系和整体性，确保各门课程之间能有机融合，形成一个完整的、以工匠精神为核心的实践教学体系。其次需要改革教学方式和评价机制。在教学方式上，高职院校可以引入项目式教学、校企协同育人、实习实训等多种形式，让学生在真实的工作环境中、实践操作中理解和体会工匠精神。在评价机制上，高校需要建立一套以工匠精神为导向的评价标准，该标准不仅要看重学生的技能水平，更要重视他们是否能体现出工匠精神提倡的一系列价值观。只有这样，才能更好地推进以工匠精神为核心的实践教学，为社会培养具有工匠精神的高素质人才。[①]

---

① 柳琼.民族复兴："中国梦"视角下高职院校"工匠精神"传承与发展 [M]. 成都：电子科技大学出版社，2018：190-194.

三、改进高职教育的教学方法

(一)加强课前准备工作，提升教学质量

在课堂教学开始前，教师需要进行充分的课前准备工作，课前准备工作对课堂教学质量具有直接的影响。如果教师没有做好充分的课前准备，那么很可能出现在课堂上无法把握教学重点、难以激发学生的学习兴趣、不能有效地调动学生的学习积极性等问题。如果教师做了充分的课前准备，就可以更好地把握教学节奏和方向，从而提高教学质量和效果。

在进行课前准备工作时，教师需要对教学内容进行详细分析和整理，明确以工匠精神为核心的教学目标和要求。这需要教师具有扎实的专业知识，以及对工匠精神的深刻理解。教师应该清楚地知道需要教授什么内容，以及如何教授这些内容，以便以最有效的方式将这些内容传达给学生。同时，教师需要对学生的实际情况进行全面了解，这样可以制订出最适合学生的教学计划，更好地引导学生理解和领会工匠精神、体验和实践工匠精神。

兴趣是最好的老师，学生的积极性与主动性对学习具有较大影响，因此，在进行课前准备工作时，教师要选择和设计合适的教学材料，以更有效地引导和激发学生的学习兴趣和积极性，教学材料应以工匠精神为核心，强调实践能力的重要性，体现精益求精和追求卓越的精神。例如，教师可以选择一些贴近现实生产的实验、项目、真实案例等，让学生在实际操作中，感受、理解和培育工匠精神。教师还可以使用一些先进的教学工具和资源，增强教学的互动性和趣味性，从而更好地吸引学生的注意力，激发他们的学习兴趣和积极性。只有这样，教师才能更好地培育学生的工匠精神，提升学生的职业素养。

(二)采用互动式教学方法，激发学生的学习兴趣

互动式教学就是通过营造多边互动的教学环境，在教学双方平等交流的过程中，通过不同观点的碰撞交融，激发教学双方的主动性和探索性，从而提高教学效果的一种教学方式。互动式教学方法多种多样，也各有特点，教

师需要根据教学内容、教学对象的不同特点灵活运用。在教学理念上，传统教学看重的是学生的成绩，而互动式教学看重的是教学过程，强调教师"教了什么"和学生"学会了什么"，是一种提倡师生交流的教学指导思想。在教学方式上，传统教学往往是教师"一言堂""满堂灌"，而互动式教学强调师生之间开展讨论、交流和沟通。在师生关系上，传统教学的师生关系是单向的，而互动式教学的师生关系是多向的、互动的，学生从接受者的角色转变为学习的主体，从被动的接受式学习改变为主动的发现学习、探究学习。

以工匠精神培育为核心的高职课堂教学需要采取互动式教学方法，互动式教学不仅能帮助学生更好地理解和掌握教学内容，还能激发他们的学习兴趣，增强他们的学习主动性。互动式教学方法强调教师与学生之间的交流互动，以及学生之间的合作互动，因此，学生可以更深入地理解和掌握教学内容，更积极地参与学习过程，从而提高学习效率和学习效果。

实施互动式教学方法对教师个人素质的要求较高，教师需要具备良好的教学技巧和较高的教学能力，以有效引导和激发学生的学习兴趣和积极性，准确把握课堂节奏。教师需要创建一个开放、包容和鼓励互动的教学环境，让每一个学生都有机会参与教学活动，从而提高学习兴趣和积极性。同时，教师需要根据教学内容和学生的实际情况，选择和设计合适的教学活动，如课堂讨论、小组合作、案例分析等，使学生在实际操作中感受和理解工匠精神。教师还需要利用各种工具和资源，增强教学效果。例如，使用多媒体教学工具帮助学生更直观地理解和掌握教学内容。互动式教学在课堂组织模式上与传统课堂有较大的区别，需要教师对课堂节奏有一个整体的把握，既要保证课堂教学的顺利开展，也要保证学生知识结构的科学构建，还要通过良好的互动提升学生学习的积极性，活跃课堂气氛，帮助学生构建起自主学习、自主探索知识的良好习惯。[1]

---

① 柳琼.民族复兴："中国梦"视角下高职院校"工匠精神"传承与发展 [M].成都：电子科技大学出版社，2018：196-205.

（三）注重能力导向，提升学生的实际技能

以工匠精神培育为核心的高职课堂教学强调学生能够通过实际操作，理解并掌握具体技能的核心内容。课堂教学只是为实践环节打下理论基础，更重要的是让学生能够通过实践，掌握必要的知识和技能。因此，教师应该通过各种方式，如案例分析、角色扮演等，引导学生积极参与实践活动，提高自身的实践能力。

以计算机网络相关专业课程为例，教师可以组织学生进行实际的网络调试和配置操作，让他们熟悉并掌握网络技术的操作流程；也可以通过校企合作，为学生提供运用知识解决实际工作中的问题的机会。这样的教学方法不仅能让学生更好地理解和掌握教学内容，还能让学生在实际操作中体会工匠精神的内涵。除此之外，教师还需要关注每一个学生的实际能力和学习需求，根据他们的实际情况制订合适的教学计划，选择恰当的教学方法。这样不仅能保证学生有效地掌握必要的知识和技能，还能使学生在学习过程中感受到成就感和满足感，从而进一步激发学习兴趣和学习动力。因此，在教学过程中，教师要始终关注学生，注重培养他们的实践能力，引导他们理解和接受工匠精神。[1]

（四）重视课堂管理和教学效果的评估

课堂管理和教学效果评估是改进课堂教学的关键，也是评价教学效果的重要指标。有序、高效的课堂环境有助于学生更好地理解和掌握教学内容，同时有利于教师进行有效的教学。管理与评估是人才培养过程中不可或缺的因素，并在教学秩序维护与教学引导等方面发挥着至关重要的作用。课堂管理涵盖课堂的组织、规范、纪律等方面，对于教师来说，要建立有效的课堂规则，就要注重课堂纪律管理，适时调整教学策略，以保持课堂秩序和提高教学效率。

教学效果评估对教学实践的意义不言而喻，评估的内容涵盖教学的方

① 亓妍.工匠精神[M].延吉：延边大学出版社，2022：114-119.

方面面，既包括对教学过程的评估，也包括对教学结果的评估。教师可以利用各种方式和工具对教学效果进行评估。例如，可以使用问卷调查或者观察法了解学生对课程内容的理解程度，以及学生对教学方法的满意度等；还可以使用测验的方式评估学生的学习进度和成果。评估结果可以帮助教师了解教学效果，找出可能存在的问题并制订解决方案。教学效果评估的目的不仅是了解学生的学习效果，还包括了解教学方法的有效性，以及教师的教学效果。在这个过程中，教师需要采用公正、准确的评估方法，确保每一个学生的学习进度和成果能得到准确的反馈，从而了解学生的学习难点和问题，并据此进一步优化教学计划和方法。

第三节　工匠精神与高职学生创新能力培养

一、创新思维概述

（一）创新思维的内涵

创新思维是相对于常规思维而言的一种思维方式，是综合运用多种思维方式于思维过程的一种思维活动。这些思维方式包括直觉、灵感、类比、想象、联想、形象思维、逻辑思维和模糊思维等，许多非理性因素和心理过程也参与创新思维活动。常规思维指利用已有的知识、经验思考和解决问题。创新思维则不受已有知识、经验的约束。拥有创新思维的人可以根据客观条件，灵活运用所掌握的知识，创造性地思考和解决问题。

创新思维与常规思维的区别主要表现在两个方面：一方面，从思维过程来看，常规思维普遍有现成的经验、规律或方法可以遵循，而创新思维通常不是按照既有的经验与规律展开的；另一方面，从思维结果来看，常规思维的结果一般是已经存在的理论或实践成果，创新思维的结果一般是前所未有的。

（二）创新思维的特征

创新思维具有鲜明的特征，如图 5-2 所示。

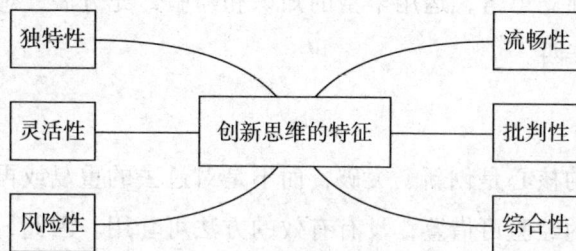

图 5-2　创新思维的特征

1. 独特性

思维的独特性，又称思维的独创性、新颖性或求异性，是指实践主体在思路的探索、思维方式和思维结论上独具卓识，能提出新的创见，实现新的突破，思维具有开拓性和独特性。创新思维所要解决的问题一般是没有现成答案，不能用常规、传统的思维方法解决的。这就要求创新主体以独立思考、大胆怀疑、不盲从、不迷信权威为前提，能超出固定的、习惯的认知方式，以前所未有的新角度、新观点去认识事物，从而提出一般人所没有的、超乎寻常的新观念。

2. 流畅性

流畅性，又称非单一性或综合性，是思维对外界刺激做出的一种反应，通常用思维的量来衡量。流畅性要求思维活动畅通无阻、灵敏迅速，能在短时间内表达较多的概念。一般来说，表达的概念越多，说明思维的流畅性越好。

3. 灵活性

灵活性指的是实践主体思路开阔，不局限于某种固定的思维模式、程序和方法，善于根据时间、地点、条件等的变化，迅速从一种思路跳到另一种思路，从一种境界进入另一种境界，多角度、多方位地探索问题、解决问题。它是一种具有开创性的、灵活多变的思维活动，并伴随想象、直觉、灵感等非规范性的思维活动，能做到因人、因时、因事而异。

4. 批判性

创新思维的批判性体现在敢于冲破习惯思维的束缚，敢于打破常规，敢于另辟蹊径、独立思考，运用丰富的知识和经验，充分展开想象的翅膀，发现前所未有的东西。

5. 风险性

创新思维的核心是创新、突破，而不是对过去的重复或再现。创新思维往往没有成功的经验可借鉴，没有有效的方法可套用。因此，创新思维的结果不是每次都成功，有时可能毫无成效，甚至可能得出错误的结论。这就是所谓的风险性。

6. 综合性

综合性并不是简单的拼凑与堆积，而是将众多优点集中起来进行协调、兼容和创造。创新思维的综合性指的是能把大量的概念、事实和观察材料综合在一起，加以抽象总结，形成科学的结论和体系；能对占有的材料进行深入分析，把握其中的个性特点，然后从中概括出事物的规律。

（三）创新思维的类型

1. 发散思维与集中思维

发散思维与集中思维是对立统一的，两者在思维逻辑上相反，但在整个创新思维过程中是相辅相成的。发散思维指的是个体在思考问题时，思路呈扩散状，思维视野开阔，思维路径多样化，能够多角度、多方位、多层次地对问题展开分析。这种思维方式具有流畅性、变通性、灵活性与独特性。

发散思维具有流畅性，集中体现在它可以帮助人们在短时间内表达出尽可能多的观点，更好地适应和接受新观念。发散思维具有变通性是指人们可以借助类比、转化的方式，使思维沿着不同的方向扩散和发展，从而呈现出丰富性与多样性。发散思维具有灵活性是指发散思维没有既定的模式和条条框框的限制，无论是思维过程还是思维结果都表现出较强的灵活性。发散思维具有独特性，个体之间存在一定的差异，因此，个体的发散思维同样展现出鲜明的独特性，人们通过发散思维可以探寻到异于他人的思路。

集中思维与发散思维正好相反，它是一种将思路集中的思维方式。集中思维的特点是在众多的线索中探寻结论，在纷繁复杂的材料中寻求答案，将发散思维拓展出去的思路再收拢回来，形成一个核心的思路。由此可以看出，集中思维是一个求同的过程。

2. 逆向思维

逆向思维指的是从反面或者对立面提出问题和思考问题的一种思维方式，这种思维方式能够"反其道而行之"，以背离常规的方法为人们提供解决问题的新思路。

按照思路的延伸方向划分，人们的思维可以分为正向思维与逆向思维。正向思维是沿着人们的普遍认知和习惯性思考方式，由因到果地思考问题，这种思维方式比较直接、有效，在解决常规问题上具有明显的效果。正向思维符合人们的认知规律与思维习惯，因此更容易被人们理解和接受。但是，正向思维并不是完美无缺的，也存在一定的不足，集中表现在对疑难问题的处理和指导创新上。

逆向思维与人们的思维习惯相反，因此，逆向思维本身就是一个求新、求异的过程，具有创新的特征。创新本身就是一种创造性活动，是不同于人们的普遍认知和思维习惯，但又符合实践发展规律和事物发展方向的一种创造行为，创新的过程是对原有思维模式的一种突破，这与逆向思维求新、求异的特性十分契合。许多创新思路都是通过逆向思维产生的，因此，逆向思维是创新思维的重要组成部分。

3. 形象思维

人的思维能力概括起来主要有两种，分别是逻辑思维能力和形象思维能力。逻辑思维能力较为抽象，而形象思维能力较为具体。相比于逻辑思维能力，形象思维能力侧重于直觉、灵感与创造，是思维原创性的主要源泉。

形象思维是在形象地反映客观事物形态的感性认识基础上，通过联想和想象揭示客观事物的本质及其客观规律的思维形式。

形象思维的思维内容是具体的形象，注重对事物表象的判断与取舍，这种思维是人与生俱来的一种本能思维。抽象思维属于理性认识，凭借抽象的概念反映事物的本质，随着人们的成长和接受教育程度的提升，抽象思维的地位会不断提升，但是形象思维对艺术创作与创新实践具有重要的促进作用。

4. 直觉与灵感思维

直觉与灵感思维指的是基于自身的知识、阅历，或自身思维的刺激，抑或外界信息的刺激而进行的一种快速、顿悟型的思维。直觉与灵感思维是逻辑性与非逻辑性相统一的理想思维过程。直觉与灵感之间既有联系又有区别，两者的联系表现在两者都具有突发性和不可预见性，即两者的产生都具有一定的随机性，且都是大脑在受到突发信号的刺激时产生的，其形成具有一触即发的特点。两者的区别主要表现在两者产生的根源不同，直觉的产生源于大脑存储的知识、经验、印象等信息的刺激，而灵感思维的产生源于大脑以外的某些信息的刺激。

5. 综合思维

综合思维是一个将一些客观要素重新组合后形成新的思维或存在主体的过程，这些要素包括理论、方法、构思、技术、材料及不同类型的物品等。综合思维不是简单的拼凑，而是一种系统的组合。任何事物都是作为系统存在的，是由多种相互联系、相互依存和相互制约的因素按照一定规律组合而成的，因此，人们在认识事物时要以全面的眼光审视事物的性质与发展。综合思维要求人们从整体的视角认识事物、把握事物，因此，综合思维的思维起点与终点都是整体。

人们在进行创造性实践时也要将事物放到系统中进行思考，既不能片面、孤立地观察事物，也不能局限于一种思维模式与方法，要全方位、多层次、多方面地对事物展开分析，准确把握事物的结构、性质、事实、材料以及相关知识，找出事物之间的内在联系，综合利用各种思维方式开展创新实践，使创新活动符合事物整体的发展规律。

二、创新能力的内涵与特点

（一）创新能力的内涵

创新能力指的是在日常生产生活实践中，人们能够充分运用所掌握的知识与具备的能力，不断提供具有经济价值、社会价值、生态价值的新思想、新理论、新方法和新发明的能力。创新能力是当今社会经济发展的重要推动力，是高素质人才应具备的基本素质。创新能力主要包括以下几个方面（如图 5-3 所示）。

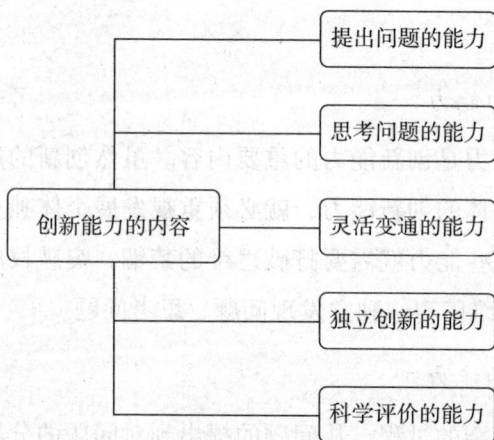

```
                                    ┌─────────────┐
                              ┌─────│ 提出问题的能力 │
                              │     └─────────────┘
                              │     ┌─────────────┐
                              ├─────│ 思考问题的能力 │
                              │     └─────────────┘
   ┌───────────┐              │     ┌─────────────┐
   │ 创新能力的内容 │──────────────┼─────│ 灵活变通的能力 │
   └───────────┘              │     └─────────────┘
                              │     ┌─────────────┐
                              ├─────│ 独立创新的能力 │
                              │     └─────────────┘
                              │     ┌─────────────┐
                              └─────│ 科学评价的能力 │
                                    └─────────────┘
```

图 5-3 创新能力的内容

1. 提出问题的能力

在日常生产生活实践中，提出问题的能力与解决问题的能力一样重要。提出问题是创新的重要环节，是激发创造性实践的重要因素。提出新的问题、新的可能性，或者提供观察旧事物的全新视角，本身就是一个求新的过程，也是创造性实践的第一步，需要个体具有创造力和想象力。要培养和提升大学生的创新能力，就需要培养大学生发现问题的能力，促使他们的思维更加活跃。

2. 思考问题的能力

思考问题的能力即思维能力，是创新能力的重要组成部分。只有具备流畅的思维能力，人们才能在遇到问题时思维畅通无阻，在短时间内对事物做出准确判断，并提出多种解决的办法。流畅的思维能力是培养和提升创新能力的基础。

3. 灵活变通的能力

灵活变通的能力能够帮助人们拓展思路，开阔视野，促使人们根据客观实践的变化调整思路，从多角度、多层次观察和理解问题，从不同的方位探索并解决问题。

4. 独立创新的能力

独立创新的能力是创新能力的重要内容。虽然创新的过程需要合作，但是若想切实提升个体的创新能力，就必须重视发展个体独立思考与独立判断的能力。要发展这些能力就需要打破思维的禁锢，突破权威思维障碍、从众思维障碍及线性思维障碍，独立发现问题、思考问题。

5. 科学评价的能力

创新是一个复杂的过程，从问题的提出到对问题的分析与思考再到创新实践的实施包含大量的内容，需要创新主体对这些内容进行深入分析与详细规划。同时，在创新的过程中还包括拟定目标、制订方案及实施方案等一系列内容，需要创新主体拥有较强的评价能力，能够对创新的各个环节进行科学评价，并根据评价结果对创新的各个环节进行调整。

（二）创新能力的特点

1. 可开发性

创新能力是一种潜在的、可开发的能力。人们可以通过智力训练、大脑开发等方式提升创新能力，同时，创新能力的提升还需要依靠知识的积累与实践的训练。创新能力如果得不到开发，将永远以潜力的形式存在。人们之间创新水平的差距，主要源于对创新能力的开发程度不同。创新能力就是在这种不断挖掘、开发与训练的过程中提升的。

2. 新颖性

新颖性指的是创新能力是在已有理论与实践基础上创造新事物、新价值的能力。新颖性是创新能力的显著特性之一，体现在创新的整个过程中，包括问题的提出、方案的制订、方案的实施等环节。

当然，创新能力的新颖性需要创新主体在扎实的专业基础与综合素养的基础上，尊重科学，充分发挥主观能动性，进而开展创造性的研究与实践，一味追求新颖而忽视基础是不可取的。

3. 价值性

创新能力的价值性与创新的价值性密切相关。创新无论是从过程还是成果来说，都是有价值的，因此，创新能力也应该是有价值的。创新能力的价值性体现在创新主体凭借创新能力获得的新方法、新成果具有一定的价值，能够带来一定的效益。

与创新的价值性类似，创新能力的价值性同样体现在两个方面，分别是社会价值与个人价值。社会价值包括政治价值、经济价值、文化价值等，指的是创新主体的创新实践给社会各个领域带来的促进作用。个人价值指的是创新能力提升的过程也是个人不断成长、发展、综合素质不断完善的过程。

4. 普遍性

普遍性指的是创新能力是每个人都具备的能力，无论是科学家、学生、工人还是农民，每个人都有可能成为新事物的创造者。创新能力是人脑的功能，每个人都具备一定的创新能力，只要方法得当，每个人都可以开展创造性实践。

三、工匠精神对高职学生创新能力培养的推动作用

（一）"敬业"点燃创新热情

创新热情迸发于工匠精神蕴含的"敬业"。"敬业"是从业者基于对职业的敬畏和热爱而产生的一种全身心投入的、认认真真的、尽职尽责的职业精神，体现为一种职业信仰，也就是职业理想与信念。伴随着西方工业革命的发展逐渐形成了一种将职业看作自己的人生信仰、推崇为"天职"的职业观念，法国著名思想家加尔文（Jean Chalvin）定义它为"召命"，韦伯（Max Weber）在他的名著《新教伦理与资本主义精神》中称其为"天职"。"敬业"就是每个人要热爱自己的工作，对本职工作认真负责、一丝不苟。这种职业信仰以某一职业共有的职业信念、价值观念、行为准则及对本职业的归属感、责任感和信誉感为基础，是个人职业价值观、态度和行为规范的总和。

无论何种类型的工作，敬业精神都是必不可少的。敬业精神能够促使人们全身心投入工作中，以专注、负责和认真的态度执行每一项任务，尤其是那些需要开动脑筋、用心思考、展现创新思维的工作。没有敬业精神，人们很难找到做好工作的动力和热情，更别说创新了。当人们充满敬业精神时，会更愿意投入时间和精力去深入研究，探索新的方法和思路，尝试解决工作中的问题，这无疑有助于创新的产生。敬业精神还有助于人们在面临挫折和困难时保持毅力，对工作的热爱让人们愿意投入更多的努力去克服困难，实现人生的目标与价值。敬业精神还会激发人们的专业自豪感，使人们更愿意分享自己的专业知识和经验，与他人合作一起解决问题。这不仅有助于创新思维的碰撞和交流，也有利于创新环境的营造和维护。因此，无论是从哪个角度看，敬业精神都是推动创新的重要力量。

（二）"精益"激发创新动力

创新的动力来源于工匠精神蕴含的"精益"。"精益"就是精益求精，是从业者对每件产品、每道工序都力求做到最好、追求极致的职业品质。从供给方面看，"精益"主要是指在生产过程中精益求精、追求完美和细节的精

神；从需求方面看，"精益"主要是指从消费者角度出发，不断改进产品质量和性能；从行为方式方面看，"精益"是指做事情认真负责的态度和孜孜以求的长期化行为。在对产品的完美追求和对细节的极致追求中，工匠精神蕴含的"精益"激发了人们创新的不竭动力。

"精益"在技术层面反映的是对技术提升的不断追求，无论是对现有技术的改进，还是对新技术的探索，都充满了创新的欲望。例如，一位从事编程工作的程序员会不断提升自己的编程技术，探索更高效的编程方法，或者寻找更先进的编程工具，这些都可以激发其创新的动力。在产品质量方面，"精益"体现的是对更高品质的挑战，对高质量产品的追求。这种追求往往伴随着一种对技术规范、工艺流程、产品质量的严谨要求。在服务方面，"精益"同样对服务创新有着巨大的促进作用，生产者与服务者不仅关注产品的质量，也关注服务的质量。他们深知优质的服务也是吸引客户的关键因素，因此，他们会不断优化服务流程，提升服务水平，以达到最佳的客户满意度。

"精益"本身体现着对卓越的追求，正是因为有精益求精的精神以及对卓越的追求，人们才能不断地优化生产方式，提升产品与服务质量，在这一过程中，创新意识就诞生了。创新意识是人们对创新与创新的价值性、重要性的一种认识水平、认识程度以及由此形成的对待创新的态度，并以这种态度来规范和调整自己的活动方向的一种稳定的精神态势。创新意识代表着一定社会主体奋斗的明确目标和价值指向性，是一定主体产生稳定、持久创新需要、价值追求和思维定式以及理性自觉的推动力量，是唤醒、激励和发挥人所蕴含的潜在本质力量的重要精神力量。"精益"是激发创新意识的重要动力源泉之一，"精益"对于生产者来说，是一种追求卓越与创新的品质，对于社会大众来说，是一种普遍需求。"精益"既是推动实践发展的不竭动力，也是工匠精神的核心内涵。工匠精神要求人们专注自身所从事的专业工作，不满足于现状，不断追求卓越，而这正是开展创新实践的动力源泉。

（三）"专注"推进持续创新

创新的持续集中在工匠精神蕴含的"专注"上。"专注"就是从业者专心致志、矢志不移、锲而不舍的精神状态。正是这种对职业的坚守、执着，促进了在传统继承下的持续不断的"微创新"。

创新是一个持续不断的过程，其本质就是从量变到质变的过程。这意味着创新并非一蹴而就的，而是需要持续努力和积累。从微观角度看，创新往往是由一个个"微创新"共同构成的。微创新可以是一项小小的改进、一个新的想法、一种新的操作方式。这些微创新看起来微不足道，但在一定的时间和空间内累积起来，并在实践中不断优化、革新，就可能形成质变，形成一个创新的高峰，而其中一个个的量变，就充分体现着"精益"。以智能手机为例，最初手机只是一种通信工具，随着技术的发展和市场需求的变化，人们逐渐在手机上增加了摄像、播放音乐、浏览网页等功能，这些都是微创新，但当这些微创新积累到一定程度时，手机就从单一的通信工具变成了集多种功能于一体的智能设备，这就是从量变到质变的过程。

（四）"务实"指明创新目的

创新的目的是创造出实实在在的、具有价值的、有利于推进人类进步的产品，这是创新本质特性的要求，从创新的价值性特征可以明确看出这一点。

价值性是创新的重要特性之一，只有创新的成果具有价值，创新才有意义，换言之，只有经过实践检验的创造性活动才能称为创新。创造性活动始终伴随着人类的发展，但并不是所有的创造性活动都是创新。不符合人类历史发展规律的创造性活动，虽然也具有首创性的特点，但是对人类发展并没有积极的作用，所以这种创造性活动就不能称为创新，而是一种失败的探索。创新对人类社会发展的推动作用有大小之分，但都是正向的促进作用，而非阻碍作用。比如，文化的发展离不开创新。正是无数的文化与艺术创新推动了人类文明的不断进步，造就了当今的艺术形式与艺术作品丰富多彩、百花齐放的局面。不同的艺术作品在思想内涵、创作风格、创作技法上都有所不同，但它们有一个共性，即符合"美"的规律，符合人们的审美需求和普遍的价值追求。有的艺术创作虽然与众不同、特立独行，但是缺乏内涵，表现方式不符合人们对美的认知，不具备审美价值，就不能算作创新。在创新实践中，无论是政治领域、经济领域还是文化领域的创新；无论是技术性创新还是非技术性创新；无论是发明创造还是改进改良，只有具有价值性，才能对人类社会的发展起到积极的推动作用。不同类型的创新对人类实践发展的推动作用各有不同，但均表现为对某一领域实践的正向促进作用，而非阻碍作用。

从微观创新实践的角度看，务实的创新强调的是实用性，旨在解决实际问题，提供具有实用价值的产品和服务。创新主体不仅关注创新的过程，更关注创新成果是否能为社会、用户创造实实在在的价值。这种以实用性为导向的创新，不仅有助于推动产品和服务质量的提升，也有助于推动社会进步。创新的目的在于创造价值，而价值的创造往往体现在实效上。无论是提高生产效率还是优化产品性能，都需要人们坚持务实的创新精神，以实效为导向，不断推动创新成果的实现。务实的创新还要求人们有足够的执行力。一个好的创新点子能不能成功，很大程度上取决于人们是否能够有效地将其落实。因此，人们需要具有强大的执行力，能够把创新的理念转化为实际的行动，从而创造出实实在在的价值。

从宏观创新驱动的角度看，创新的落实得益于工匠精神蕴含的"务实"。"务实"是一种立足现实、勤勉踏实、强化执行的精神状态和品质。创新驱动发展是以创新为引擎（驱动力）的发展，工匠精神蕴含的"务实"能够有效避免政策落实过程中常见的非理性、运动式的盲目冒进行为，以及"重计划、轻落实""热开头、凉结尾"等弊病，从而进一步达到促进新常态下的创新驱动发展，实现结构调整、模式转换和转型升级的战略发展目标。

第四节　工匠精神与高职学生职业素养培育

一、职业素养的内涵

（一）职业素养的概念

职业素养是人们在社会活动中需要遵守的行为规范。个体行为的总和构成个体的职业素养，其中职业素养是内涵，个体行为是外在表象。职业素养是指从业者在一定的生理和心理条件基础上，通过教育培训、职业实践、自我修炼等途径形成和发展起来的，在职业活动中起决定性作用的、内在的、相对稳定的基本品质。职业生涯既是人生历程中的主体部分，又是最具价值的部分。因此，职业素质是素质的主体和核心，囊括了素质的各个类型，只是侧重点不同而已。职业素养包含职业道德、职业技能、职业行为、职业作风和职业意识等，以及时间管理能力、有效沟通能力、团队协作能力、敬业精神、团队精神等。

（二）职业素养的核心内涵

一般来说，劳动者能否顺利就业并取得成就，在很大程度上取决于其职业素养，职业素养越高的人，获得成功的机会就越多。素质包括先天素质和后天素质。先天素质是通过遗传因素获得的，主要包括感觉器官、神经系统和身体其他方面的一些生理特点。后天素质是通过环境影响和教育获得的。因此可以说，素质是人在先天生理基础上，受后天的教育训练和社会环境的影响，通过自身的认识和社会实践逐步形成的、比较稳定的、身心发展的基本品质。职业素养的内涵主要由以下三个方面构成。

1. 职业信念

职业信念是职业素养的核心。良好的职业素养包含良好的职业道德、积极的职业心态和正确的职业价值观，是职业人想要成功必须具备的核心素养。良好的职业信念包括爱岗、敬业、忠诚、奉献、正面、乐观、用心、开放、合作及始终如一等一系列优良的职业品质。大学生作为新时代中国特色社会主义的建设者，其职业素养的培育尤为关键。职业信念是大学生职业生涯的核心基石，有助于大学生在未来的职场中树立正确的价值观，规范自己的行为。在大学生工匠精神的培育过程中，必须深化大学生对职业信念的理解，使正确、坚定的职业信念成为大学生行动的指南。具体而言，大学生需要明白，职业信念不仅仅是一种道德准则，更是一种实践态度、一种工作方法、一种生活哲学。

大学生步入社会后要具备爱岗敬业的品质，全身心投入自己选择的职业领域，热爱所从事的工作；大学生要始终坚守自己的职业道德和价值观，面对各种诱惑和压力，始终保持清醒和坚定；大学生要愿意奉献，将自己的知识和能力贡献给社会，用自己的工作服务他人，促进社会发展；大学生要保持正面、乐观的职业心态，面对工作中的困难和挑战，始终保持积极进取的态度，不放弃，不退缩；大学生要用心工作，对每一项任务都全力以赴，追求完美；大学生要保持开放的心态，愿意接受新知识、新技能、新方法，与时俱进，不断自我更新，自我提升；大学生要学会合作，懂得利用团队的力量，共同解决问题，达成共同目标。这些职业信念不仅对大学生的学习起到指导作用，也将在大学生的未来职业生涯中起到重要作用，帮助大学生在复杂多变的职场环境中保持清晰的方向，成功实现自己的职业生涯规划。这也是大学生工匠精神培育的重要目标，教育者应通过各种方法和手段，确保大学生在校期间就树立坚定的职业信念，从而为未来的职业生涯打下坚实的基础。

2. 职业知识和技能

职业知识和技能是职业素养的重要部分，任何职业都有其特定的知识和技能需求。不论是技术工种还是知识工种，对专业知识的理解和技能的掌握都是基本要求。如果一个人不具备其职业所需的基本知识和技能，那么就很难有效完成工作任务，也就无法创造更多的社会价值以及实现自身价值。掌握了职业知识和技能的人通常能够准确地理解任务需求，制订合适的解决方案，避免不必要的错误，从而提高工作效率。

工匠精神对职业技能的培养起着关键作用。首先，工匠精神强调对技艺的精益求精，这种对精湛技艺的追求能够激励个体不断学习、提高职业技能。不论是学习新的工作方法，还是对已经掌握的技能进行提升，都体现了精益求精的精神。其次，工匠精神强调坚持不懈和专注。在职业技能的学习过程中，这种精神可以帮助个体以积极的态度应对学习中的困难和挑战，从而更好地提升技能。最后，工匠精神强调用心和尊重，有助于促使个体对自己的职业有更深的理解、更多的热爱，从而更愿意投入时间和精力提升职业技能。

在职场中，专业知识和技能往往成为从业者在竞争中胜出的关键，具有深厚知识或独特技能的人在职场中更有竞争力，更容易获得成功。专业知识和技能是个体职业发展的基石。一方面，人们需要不断更新知识和升级技能，以适应职场环境的变化；另一方面，通过丰富专业知识和提高技能，人们可以开拓更多的职业机会，更好地实现职业生涯的发展。对于学生来说，具备相关职业知识和技能不仅有助于塑造个人品牌，也有助于提升自身在行业内的声誉，从而获得更多的职业发展机会。

3. 职业行为习惯

职业行为习惯无疑是职业素养的重要内容，主要有如下几个原因：首先，职业行为习惯是一种表现形式，彰显一个人的职业态度，而职业态度既影响个体的职业表现，也影响他人对个体的看法。例如，如果一个人总是准时、有组织、有效地完成任务，那么就会被认为是可靠的、专业的，这会为他带来良好的职业声誉，从而增加更多的职业机会。其次，职业行为习惯是一个持续自我完善的过程。通过不断实践和反思，个体可以在工作中发现自己的弱点，然后通过改变行为习惯克服这些弱点。这个自我完善的过程不仅有助于提升个体的职业技能，也能增强个体的自信心和自我效能感，从而使其更好地应对职业生涯中的挑战。再次，良好的职业行为习惯可以促进团队协作水平的提升。在职场中，大多数工作都需要与他人的合作才能完成，良好的职业行为习惯，如尊重他人、有效沟通、承担责任等，有助于建立和维护良好的人际关系，促进团队的和谐。最后，职业行为习惯是一种道德实践。每一种职业都有其道德规范，良好的职业行为习惯正是对这些道德规范的遵守和实践。

4. 职业思想

职业思想是指个体对职业生涯的认知和理解，包括个体对工作的态度、对职业发展的看法、对工作与生活的平衡等方面的观念。职业思想能影响个体的工作态度和职业行为，是个体职业成功的重要因素。

在工匠精神的培育中，需要培养高职学生正确的职业思想。首先，工匠精神要求人们对工作持尊重和热爱的态度，认为工作不仅是谋生的手段，更是实现自我价值的途径。这种对工作的重视和尊重应当体现在高职学生的职业思想中。其次，工匠精神鼓励人们追求卓越，永不满足，这种精神也应当体现在高职学生的职业思想中。高职学生应当树立一种积极的职业发展观，相信自己有能力通过努力实现职业发展，而不是满足于现状。最后，工匠精神强调工作与生活的平衡，认为工作是生活的一部分，不能完全取代生活。工作和生活是相互促进、相互影响的，工作能丰富生活，生活也能为工作提供灵感。

二、职业素养的特征

（一）职业性

职业性是职业素养最为显著的特征，主要指个体能够理解、接受其所从事职业的特定标准和规定，不仅包括专业知识和技能，还包括行业规则、规定、道德和行为规范等。

从微观来看，职业性体现在不同职业对从业人员的素养需求不同上。职业性强调的是与职业有关的、特定的、符合行业标准的能力和行为。比如，医生只有掌握了专业的医学知识，理解和遵循医疗伦理，才能被认为具有医生的职业性。教师只有掌握教育相关的专业知识，能进行有效教学，理解和遵循教育的专业伦理，才能被认为具有教师的职业性。职业性使得每个职业都有其独特的素养要求，从事某个职业的人只有具备这个职业要求的素养，才可能在职业生涯中取得成功。因此，职业性要求人们在培养职业素养时，不能一概而论，而要根据不同的职业特性，有针对性地进行素养培养。

从宏观来看，职业素养的职业性体现在这一类素养本身展现出来的特点上。职业素养是对个体的全面要求，不仅包括硬性的专业技能，还包括软性的素养，如团队协作能力、沟通能力、问题解决能力、创新意识和责任意识等。这些都是现代社会对职业人士的基本要求。这种要求使得职业素养具有较高的复杂性，需要职业人士通过长期学习和实践才能达到。这种全面性与复杂性同样是职业素养职业性的体现，因为其包含的各种能力是指向职业发展的，需要在具体的生产实践中才能得到磨炼与提升。职业素养的形成是一个持续的过程，需要通过职业教育和职业训练才能逐渐形成和完善。这一点也表明职业素养具有较高的职业性，且强调理论学习和实践操作的有机结合。

（二）稳定性

稳定性是职业素养的一个重要特征。职业素养需要通过长时间的积累和长期的实践经验才能形成，并且一旦形成就会在相应的工作领域中产生持久影响。

职业素养的稳定性来源于职业知识和技能的累积。在某一职业领域内，个体通过持续学习和实践，逐步掌握该领域的知识和技能，从而形成自己独特的理解和应用方式。这种积累是长期的，需要不断的刻苦学习和实践，是一个不断提高和完善的过程。在这个过程中，个体形成了稳定的知识结构和技能水平，这种稳定性反映在个体对职业问题的理解和解决方案的选择上，体现出一种稳定的思维方式和行为模式。职业素养的稳定性也体现在职业道德和职业行为上。职业道德是个体在职业生涯中应遵循的行为准则，涉及对工作的态度、对客户的尊重、对社会的责任等。个体的职业道德一旦形成，通常会成为其行为的稳定指导，影响其在工作中的决策和行为。同样，职业行为习惯，如工作效率、团队合作方式、问题解决策略等，也是通过长期的实践和积累形成的，且一旦形成就会成为一种稳定的行为模式。

当然，职业素养具有稳定性并不意味着它是不可改变的。相反，职业素养是可以通过持续学习和实践来提升的。随着新技术、新知识的不断涌现，人们需要持续学习，以适应不断变化的职业环境。同样，随着人们对工作的深入理解和对社会认识的不断加深，人们的职业道德和行为也会发生变化，以更好地适应工作和生活。

（三）内在性

内在性是职业素养的一个显著特征，不仅体现在个体的表面行为上，更体现在个体的价值观、行为习惯、思维模式等深层次的心理结构上。

价值观是人的内心深处对事物的本质属性和相对重要性的看法，决定了人在面对职业选择和决策时的倾向。在长期的职业活动中，人会形成一种稳定的职业价值观，这种价值观体现在对工作的热情、对质量的追求、对职业道德的坚持等方面。这种内在的价值观是职业素养的重要组成部分，指导着个体的职业行为，促使个体在工作中始终做出符合职业道德和职业要求的行为。内在性也体现在个体的行为习惯上。行为习惯是人在长期的职业活动中形成的稳定的行为方式，是人在面对职业任务时的默认反应，是人在工作中自然而然表现出来的行为模式。这种内在的行为习惯是职业素养的重要组成部分，并在个人的工作中起到稳定和指导的作用，保证了工作效率和质量。职业素养的内在性还体现在个体的思维模式上。思维模式是人在处理职业问题时的思维方式和方法，决定了人在面对问题时的解决策略和方式。在长期的职业活动中，人会形成一种稳定的职业思维模式，这种思维模式体现在人对问题的理解、对解决方案的选择、对新信息的处理等方面。这种内在的思维模式是职业素养的重要组成部分，在个体的工作中起到解决问题和推动工作的作用。

（四）整体性

职业素养的整体性指职业素养不是单一维度的素质或技能，而是个体全面素质和能力的总和，包括思想政治素质、职业道德素质、科学文化素质、专业技能素质和身心素质等。当谈论一个人的职业素养时，需要考虑这个人的所有方面，而不仅是某一个领域的表现。

思想政治素质反映一个人对社会主义核心价值观的理解和认可程度。对社会的责任感和使命感、对职业的热爱和尊重、对同事和客户的尊重等，都是思想政治素质的重要组成部分。职业道德素质是一个人在工作中遵循的行为规范和原则，包括诚实、公正、尊重、责任和专业性等。职业道德素质体现了一个人在面对职业挑战和道德决策时的品行和选择。科学文化素质反映了一个人对学术、科学和文化领域知识的理解，包括对基础科学知识的理解、对文化传统和社会现象的理解、对新技术和新趋势的认识等。专业技能素质涉及一个人在特定职业领域的技能和能力，包括技术技能、问题解决能力、创新能力、领导能力和团队协作能力等。身心素质指一个人在身体和心理方面的健康状况和能力水平，包括身体状况、心理状态、压力管理能力和情绪管理能力。

因此，职业素养是人们在以上这些方面素质和能力的总和。如果一个人在某一方面表现优秀，但在其他方面表现不佳，那也不能说这个人的职业素养高。职业素养的一个重要特征就是整体性。

（五）发展性

发展性体现在随着时代的进步和社会的变化，职业素养也在不断提高。这一特性突出了职业素养的动态性和适应性，反映了人们对适应社会变化、提升自我、追求卓越的持续努力。

发展性的一个核心因素是知识和技能的更新。随着科技的快速进步，新的知识和技术不断涌现，使得职业领域的要求也在不断变化。因此，人们必须具备学习和适应新知识、新技术的能力，这就要求人们具备持续学习和自我提升的动力和习惯，以把握新的机遇，应对新的挑战。职业素养的发展性体现在对环境变化的适应上。在经济全球化、社会多元化的背景下，职业环境的复杂性和不确定性越来越高，这就需要人们具备更大的灵活性和适应性，包括对不同文化的理解和尊重及跨文化沟通能力。职业素养的发展性也表现在人们职业道德的提升上。随着社会对公平、公正、可持续发展等价值的更高要求，人们需要反思和提升自己的职业道德和责任意识，以更好地服务社会。职业素养的发展性还表现在心理和身体健康的维护上。在高压和快节奏的工作环境中，人们需要更好地管理自己的压力和情绪，保持良好的身心健康状态，以更好地应对职业生涯的挑战。总的来说，职业素养的发展性是一个主动的、持续的、全面的提升过程，需要人们具备积极的心态、坚持不懈的努力及对卓越的不断追求。

三、高职学生职业素养培养与工匠精神培育的内在联系

（一）价值观一致

从价值观的角度来看，高职学生职业素养培养与工匠精神培育的一致性体现在对职业本质的共同理解上。对于高职学生来说，职业素养培育不仅包括掌握专业技能，更包括对职业道德的遵循和对社会责任的认同。工匠精神培育要求从业者对工艺有深入的研究，对品质有严格的追求，对社会有明确的责任。二者都提倡通过职业实现个人价值和社会价值，这是价值观的重要组成部分。无论是高职学生职业素养培养，还是工匠精神培育，都强调人的成长是一个持续的过程，需要不断学习和实践。职业素养培养要求高职学生不断提升自己的专业技能，更新自己的知识体系，提高自己的问题解决能力。工匠精神培育则鼓励人们不断追求技艺的完美，对工艺有新的理解和发现，对品质有新的追求，二者都认同持续学习和成长是实现个人价值和社会价值的重要途径。

随着产业转型升级步伐的不断加快，中国正在从制造大国向制造强国转变，优质产品和优质服务背后是中国制造工匠精神的外在体现。工匠精神的核心追求是精益求精、一丝不苟，是对产品和服务尽善尽美、高度负责的价值追求。工匠精神的价值取向既是自身内涵，也是时代所需。技能型人才是我国产业发展的重要力量，肩负着生产制造等重要任务，培养技能型人才必须面向社会实际，符合时代需要，满足国家产业发展要求。通过高职教育培

养新时代的技能型人才，需要学生具备较高的职业能力和职业素养，其中人文精神的培育非常重要，同时需要强调实践操作能力的重要性，而精益求精的进取精神是工匠精神的具体反映。因此，高职学生职业素质培养和工匠精神培育的核心理念和价值选择具有内在的逻辑联系。

随着全球经济一体化水平的不断加深，职业素养已经越发成为评价企业、行业，甚至国家竞争力的重要标准。工匠是制造业的灵魂，工匠精神就是制造业的灵魂，工匠精神是以精益求精、一丝不苟为核心价值取向的，强调持续努力、创新和对卓越的追求，这与职业素养中追求高质量工作的要求相一致。在现代社会，随着信息化、数字化、网络化、智能化的不断发展，技术革新的速度越来越快，对职业素养的要求越来越高。因此，无论是工匠精神培育还是高职学生职业素养培养，都鼓励学生不断学习，掌握新的知识和技能，提升自我，为社会创造更大的价值。工匠精神强调的责任和承诺与职业素养中的职业道德、职业责任感和职业信念相吻合。现代社会更强调个人和企业的社会责任。因此，无论是工匠精神培育还是高职学生职业素养培养，都需要将社会责任和个人责任结合起来，促进社会和个人的共同发展。工匠精神注重专业化和技术化，这与职业素养中的专业技能、专业知识和职业技能相一致。现代社会是一个知识经济社会，专业化、技术化的要求越来越高。因此，无论是工匠精神培育还是高职学生职业素养培养，都需要推动人们不断提升专业技能，丰富专业知识，以满足现代社会的需求。

（二）基本内涵吻合

工匠精神是职业素养的灵魂所在，在高职学生职业素质培养中注入工匠精神既是二者内涵高度一致的体现，也是国家发展的客观需要。工匠精神融入产业升级是当前经济发展的客观要求，工匠精神的本质是对生产和服务高品质的极致追求，核心内涵是专注投入、追求极致的职业精神和职业态度。高素质技能型人才肩负着推动国家复兴的使命，其必须具备时代发展所需的工匠精神。

职业素养和工匠精神并非孤立存在的，而是紧密相连、互为补充的。当人们谈论职业素养时，实际上也在谈论工匠精神。一方面，工匠精神是职业素养的重要表现。二者的内涵是相通的，任何职业对从业人员的要求都是以工匠精神为标杆的。工匠精神专注投入、追求极致的职业精神和职业态度与职业素养的基本要求高度一致。无论是在工作态度还是专业技能上，二者都追求精益求精。另一方面，工匠精神是职业素养的重要提升方式。职业素养的提升并非一蹴而就的，而是需要长期的学习和实践，这与工匠精神强调的执着、专注度统一，也是职业素养和工匠精神内在联系的表现，二者在提升过程中相互促进，共同推动个体的成长和社会的发展。在当前的社会背景下，工匠精神和职业素养的内在联系更加显著。随着经济的发展，社会对高素质技能型人才的需求越来越大，这就要求教育者在职业素养的培养中更加注重工匠精神的灌输与培养，以满足社会的需求，推动国家的发展。

（三）培养路径趋同

高职院校学生职业素质培养和工匠精神培育的路径是趋同的。工匠精神具有鲜明的时代特征，是我国产业发展需要重点关注和培养的核心要素，工匠精神所包含的精益求精与创新精神是推动产业结构优化升级的重要因素，而高职学生职业素质的培养需要在理论与实践上同时下功夫。首先，高校需要强化实践意识，以培养学生的实践操作技能为突破口，精准对接岗位需求。其次，高校需要整合多方力量协调推进，深入开展校企合作，在育人实践过程中将工匠精神落实到方方面面。最后，职业素质的培养需要通过有效的实践才能实现，高校要以社会需要、岗位需求为指引，强化学生的实践技能，培养学生的综合素质。工匠精神是社会实践培育的结果，高职学生职业素质的培养同样离不开实践。由此可以看出，二者的一致性也体现在对实践经验的重视上。无论是职业素养的培养还是工匠精神的培育，实践都被视为核心和重要的环节。对于高职学生来说，职业素养的培养需要通过大量的实践操作，才能更好地掌握专业技能，理解专业知识的应用，从而形成对工作流程的熟练掌握和对职业道德的深刻理解。对于工匠精神来说，其培育需要人们在日复一日的工作中，通过不断试错和修正、反复打磨和提炼，不断提升自己的技艺。在这个过程中，实践经验的积累和提炼成为连接职业素养与工匠精神的重要纽带。

工匠精神培育和职业素质培养路径上的趋同，反映了现代职业教育的核心特质和本质要求。工匠精神培养强调在日复一日的工作中，通过精益求精、一丝不苟的实践，不断提高专业技能和工作效率，以实现产业升级和社会进步。职业素质的培养也需要通过实践教学才能帮助学生真正理解和掌握职业技能，培养出热爱本职工作、有责任心、有创新精神的技术技能型人才。

在高职学生职业素养培养与工匠精神的培育过程中，高校和企业需要紧密配合，通过校企协同育人共同培养职业素质高的技能型人才。高校不仅要承担理论知识教学的任务，还要为学生提供充足的实践机会，让学生在实践中了解、掌握职业素养。企业则要积极参与职业教育，提供实习岗位实践平台，让学生在真实的工作环境中体验工作，了解行业，提升技能。这一实践路径的贯彻需要高校对教育和产业发展的关系有深刻的理解，充分发挥教育对社会发展的服务功能。工匠精神和职业素质的实践路径，是教育服务社会、推动国家发展的重要路径。高校需要通过深化校企合作，加强实践教学，培养更多具备高职业素养和工匠精神的技能型人才，从而推动我国从制造大国向制造强国的转变。

四、工匠精神融入高职学生职业素养培养的路径探索

（一）营造适合工匠精神培育的教育环境

高职院校的教育环境是将工匠精神融入高职教育的基础和前提。高职院校应营造浓厚的工匠文化氛围，倡导学生尊重工作、追求卓越。一方面，高职院校可以通过学校建筑、宣传标语等宣传和弘扬工匠精神；另一方面，高职院校可以通过学校社团组织各类比赛，鼓励学生展示职业技能。高职院校的课程设置应该充分满足学生的职业发展需求，同时，要将工匠精神融入课程内容。在课程设计上，可以采用理论与实践相结合的教学方式，将课程的

重点放在实践教学上。每门课程不仅要突出基础知识的学习，更要鼓励学生独立思考，将所学理论知识应用于实践中，从而培养学生的创新思维和职业能力。

（二）将工匠精神贯穿实践教学全过程

实践教学在一定程度上可以提升学生的职业技能，这也是高职学生职业素养培养的重要部分。在实践教学中，教师应引导学生多动手练习，通过实际操作加深对理论知识的理解，从而提升理论与实践相结合的能力。同时，高职院校应加强与企业的合作，为学生深入了解企业的运作和管理提供更多机会，让学生亲身体验实践的重要性。在实践教学中，教师还应引导学生注重工作的细节、品质和效率，从而将工匠精神融入实践教学中。

（三）通过考核激励学生落实工匠精神

考核能够在很大程度上提升学生学习的积极性，它既是高职教育的重要组成部分，同时也是高职学生职业素养培育的重要途径。在工匠精神融入高职学生职业素养培养的过程中，高职院校应制定相关考核标准，激励学生积极落实工匠精神。这些标准既可以是学生必须完成的工作，也可以是学生通过比赛和竞赛获得的荣誉和奖励。考核标准的设立应能激发学生的自觉性和责任感，从而使学生愿意在工作和学习中付出更多的努力。

第六章　新时代工匠精神培育评价体系

第一节　新时代工匠精神培育影响因素分析

一、学校办学理念

学校的办学理念对于新时代工匠精神的培育有着深远的影响。办学理念是学校教育的价值观和方向，影响着学校的各个方面，包括教学内容和教学方法的选择等。

在新时代工匠精神的培育中，如果学校的办学理念倾向于重视学生专业技能的训练和实践经验的获取，那么在教学内容方面自然也会更加注重实践方面的教学，注重理论与实践的结合。学校会更多地引入实践性强、可操作性强的课程和项目，使学生在真实或模拟的工作环境中接触专业知识，提高专业技能，这对工匠精神的培育具有直接的推动作用。学校办学理念的转变也可能影响到教学内容的选择。如果学校的办学理念从过去注重理论教学转变为强调实践教学，那么在教学内容的选择和组织上会更加倾向于实践性强和应用性强的内容。这样的转变可以使学生在实践中接触和理解理论，提高实践能力，为工匠精神的培育打下基础。

学校的办学理念还会影响到教学方法的选择。如果学校的办学理念强调以学生为主体，那么在教学方法上可能会采用更多的主动学习和合作学习的方式。这种方式可以激发学生的学习积极性和主动性，使学生在实践中学习和探索，从而更好地掌握专业技能和理解工匠精神。

二、学生个体差异

学生是培养的主体，是教育的对象，也是教育活动最重要的参与者，不同的学生个体之间存在巨大的差异，包括能力、兴趣、动机和学习风格等，对新时代工匠精神的培育具有巨大的影响。新时代工匠精神强调技艺精湛、专注致远、精益求精的专业态度和价值追求，对于具有不同个体特征的学生来说，他们接纳和体现这种精神的方式和程度也会有所不同。

学生的能力或天赋是接受技能训练和培育工匠精神的基础。对于具有某种特定能力或天赋的学生而言，在学习相关技术或技能时往往能更快地掌握和熟练运用，也更容易对工匠精神有深刻的理解和体验。例如，具有良好视觉空间能力的学生，在进行建筑设计或机械制造等技能训练时，能更直观地理解和实践设计理念和操作步骤，进而更容易培育出追求精益求精的工匠精神。学生的学习兴趣和动机也在很大程度上影响着工匠精神培育的效果。对某一技术或技能有浓厚兴趣的学生，在学习过程中能投入更大的热情和精力，对于技术的掌握和对工匠精神的理解也会更加深入。同样，如果学生有强烈的学习动机，无论是出于对个人发展的期待，还是出于对实现某种价值目标的追求，都会使他们在技能学习和工匠精神培育的过程中表现出高度的主动性和积极性。学生的个性特征及由此形成的学习风格也会影响工匠精神的培育效果。一些学生可能更偏向于通过动手实践来学习新技能，他们在实践中不断尝试和探索，从而更好地理解技术原理和精神内涵；而另一些学生可能更偏向于通过理论学习和讨论交流来获取知识，他们在思考和交流中深化对技术和工匠精神的理解。因此，不同的学习风格需要采取不同的教学方法，以便更有效地培育学生的工匠精神。

第二节　新时代工匠精神培育评价体系构建的基础

一、评价体系的作用

（一）教学反馈

科学的评价体系能够作为一种监督手段，为新时代工匠精神培育的教育主体提供关于人才培养过程的更加全面、客观、详细的信息。科学的评价体系在评价内容上能够覆盖人才培养的各个环节与各组成要素，能够科学地反映新时代工匠精神培育过程中的优点与不足，帮助教学主体更好地观察人才培养的整个过程，使教学主体做出更加科学的决策。科学的评价体系能提供有力的教学反馈。在教学过程中，教师可以通过评价体系了解学生的学习状况，如学生对课程内容的理解程度、学习方法的有效性、学习的动力等。这些信息对于教师调整教学策略、提高教学效果具有较大的帮助。例如，如果教师发现学生对于某个知识点的掌握情况不理想，就可以针对这个问题进行深入教学，科学的评价体系对于推动教育改革具有积极的推动作用。

具体到新时代工匠精神培育中，评价体系可以反馈学生的学习进步情况。在教学过程中，通过对学生学习成果的评价，教师可以了解到学生在专业技能掌握和工匠精神内化等方面的进步情况，从而及时调整教学策略，更有针对性地开展教学活动，如加强某一方面的教学，或是采取更适合学生的教学方式。评价体系通过这样的方式在工匠精神的培育中起到教学反馈的作用。评价体系还可以反馈学生对工匠精神的理解和接受程度。通过评价学生的实践能力、创新能力和团队协作能力等方面的表现，教师可以了解到学生知识与能力体系的构建情况，以及学生对于工匠精神是否有相对深入、准确的认知，从而有针对性地开展工匠精神的培育，使学生更深入地理解和接受工匠精神。

（二）资源配置优化

科学的评价体系有助于教育资源得到更高效的配置，使不同主体的教育资源得到更好的保护和利用。新时代工匠精神培育涉及的教学要素与教学资源较多，加之高校工匠精神培育发展历程相对较短，这就使得高校教学资源的分配并未形成一个相对稳定的格局。这时候评价体系的作用就显示出来。科学的评价体系能够对教育资源分配与使用的合理性进行全面评价，帮助教育主体根据教育的实践情况调整资源的分配方式，使有限的教育资源能够得到充分利用。

在新时代工匠精神培育的过程中，评价体系通过对于育人全过程的全面、科学分析，能帮助教师和教育管理者发现教育资源配置中存在的问题，并对学生进行全面的、多维度的评价，包括学生的技能掌握、思维创新、团队协作等各方面能力的评价，能够更全面地反映出学生的学习状况与实际需求。这些信息对于学校调整课程设置、优化教学资源、改进教学方式，甚至进行更大范围的教育改革都有着至关重要的指导作用。通过评价，教师可以清晰地了解到哪些教学内容或方法效果好，哪些效果差，从而有针对性地进行优化。同时，评价还可以发现学生的差异化，对于个别学生的特殊需求，学校可以有针对性地调整教学资源，如提供额外的学习辅导或者实践机会，使得教育更加个性化，这也更加符合工匠精神培育的理念。

评价体系还能帮助学校更好地利用社会资源。当今时代，学校不再是单一的育人主体，特别是对于强调应用型人才培养的学校来说，具备良好实践教学资源的协同育人模式成为这些学校的选择。当然，教育空间的扩大也意味着教育资源选择的增多以及教育资源分配难度的提升。在工匠精神培育中，学校可以根据评价结果发现哪些方面的学习资源不足，然后向社会寻求这些资源。比如，学校可以通过与企业合作，为学生提供更丰富的实践机会，使学生能更好地理解和体验工匠精神。评价体系能够为学校和社会资源的对接提供有力的数据支持。

（三）导向作用

导向作用是评价体系重要的作用之一。评价体系不是仅仅为评价行为而存在的，其更重要的目的是通过对教学实践做出价值判断，帮助教育主体发现教育过程中存在的不足，并进一步优化教育行为。人才培养的主体可以准确把握人才培养的重点，及时发现人才培养过程中存在的问题，并根据工匠精神培育的要求，对人才培养模式或人才培养具体的方式方法进行及时调整与优化。与此同时，科学的评价体系也为学生的学习指明了前进的道路，使学生能够沿着工匠精神培育的要求建构自身的知识与能力体系，同时根据评价体系的反馈及时发现自身在学习过程中存在的不足，及时调整学习方法，解决遇到的问题。

在高校工匠精神培育实践中，科学、公正、全面的评价体系能引导学生重视技能的掌握和实践，促进学生工匠精神的培育，而不仅仅使教学活动停留在理论知识的传授上。评价体系能够有效引导学生的学习行为。如果评价体系更加注重学生的技能掌握和实践，那么学生就会更加倾向于通过实践学习来提升自己的技能，而不仅仅是死记硬背理论知识。同时，评价体系如果能充分考虑到工匠精神的培育，在评价标准中加入对学生创新思维、团队协作、责任意识等方面的考核，那么学生就会更加关注自己在这些方面的发展，从而更好地培育和提升自身的工匠精神。同时，评价体系也可以影响教师的教学方式和学校的教育理念，推动教师和学校在教学过程中更加注重学生的全面发展和工匠精神的培育。如果评价体系加大对于学生实践能力和工匠精神的考查力度，那么教师在教学中就会更加注重实践教学和能力培养，更多采用探究式、合作式的教学方式，而不仅仅是选择传统的讲授方式。这样不仅能提高学生的学习兴趣和动力，也能更好地培育学生的工匠精神。

（四）促进教育公平

科学的评价体系能确保每一名学生都接受公正、客观的评价，避免因主观偏好引入的评价差异，从而实现每一名学生公平接受教育。

科学的评价体系有助于消除教育评价中的偏见。教育评价是教学过程中的重要环节，影响着学生的学习动力、学习目标和未来发展。如果评价体系存在主观偏好，可能导致部分学生被高估或低估，影响这部分学生的学习状态和未来发展。科学的评价体系能确保评价的公正性和客观性，避免主观偏好的影响，让每一名学生都能得到与他们实际学习水平相符的评价。科学的评价体系还有助于公平分配教育资源。在教育过程中，资源的分配通常是根据学生的学习表现来进行的。如果评价体系存在问题，可能导致资源分配不公，使得部分学生得不到应有的教育机会和资源。科学的评价体系能准确反映学生的学习水平和需求，有助于学校公平、合理地分配教育资源，保证每一名学生都公平地获得学习机会。

二、评价体系构建的原则

（一）导向性原则

1. 工匠精神的导向性

工匠精神作为一种育人理念和学生自身职业素养建构的价值追求，其本身并非具体的教学内容，其教学内容仍然是学校教育所涵盖的不同专业。因此，工匠精神培育评价体系的构建要以工匠精神所提倡的价值观为导向，这一原则本身与评价内容并不重复，反而是重要的评价标准之一。坚持工匠精神的导向性，就是要根据工匠精神的内容来评价人才培养实践。首先，评价体系需要对学生的专业技能进行详细考核，检查学生是否能够熟练掌握并运用所学技能，不仅包括基础技能的掌握，还包括复杂技能的理解与运用。同时，评价体系需要考核学生在学习过程中能否持之以恒，对工作保持高度的专注和精细的态度，这是工匠精神的重要体现。其次，评价体系也需要对学生的责任感和创新素质进行考核。责任感是工匠精神的重要表现，工匠需要对工作、产品质量用户满意度负责。因此，评价体系需要考查学生在完成任务时是否能够保证质量，是否具备较强的责任心与担当。创新素质是工匠精神的重要组成部分，工匠需要不断改进自己的工作方法，以优化生产实践。因此，评价体系也需要考核学生的创新意识、创新思维以及创新能力。

2.社会需求的导向性

高校教育的核心任务之一就是培养高素质人才，强调以能力本位理念为指导开展教学活动，因此，高校教育的内容必须符合社会的实际需求，不仅要开设专业课，还要开设通识类课程与选修课程。社会需求的导向性突出体现在评价体系需要对学生的技能掌握和运用情况进行评估上，以确保学生的技能能够满足社会的实际需求。新时代，社会对于技能型人才的需求越来越强烈，特别是高技术产业和服务业等领域更是如此。因此，工匠精神培育评价体系需要对学生的专业知识与实践技能进行评估，以保证学生能够适应社会的需求。

在当今时代，随着科技的飞速发展，新业态与新技术不断涌现，新的产品与服务类型的产生在很大程度上丰富了社会生产结构与模式，市场对于从业者的素质结构要求自然也处在不断变化之中，这需要评价体系具有灵活性和实时性，能够随着社会需求的变化进行调整。

3.利益主体的导向性

工匠精神培育评价体系的构建还受到不同利益主体的影响，不同利益主体，如社会、家庭、学校、学生等对于教育活动有着丰富多样的诉求，这些诉求反映着不同主体的实际需要，会在很大程度上影响评价体系的构建。举例来说，学生是工匠精神培育的主体，他们的需求和利益是评价体系构建的重要依据。学生通常期望能通过学习，获得实际操作技能，提升自我，而且能获得对应的学业认证，为自己的未来发展做好准备。因此，评价体系需要对学生的技能掌握程度、专业素养、创新能力以及学习态度等进行全面而深入的评估，以确保学生的学习需求得到满足。教师和学校是工匠精神培育的重要推动者，他们的需求和利益也需要得到充分考虑。教师通常希望教学工作得到认可和尊重，专业能力和教学成果能得到公正评价。因此，评价体系要将教师的教学质量、专业素养和教学态度纳入，提供有效的反馈机制。学校则希望能通过有效的评价体系提升学校的教学质量，吸引更多优秀的学生，提升学校的声誉。因此，评价体系要有助于高校总结自身在工匠精神培育过程中的成功经验与不足。

4.重视导向作用的发挥

导向性还体现在评价体系实际的功能上。最终的评价结果涉及基于工匠精神培育的专业教学模式与教学内容的调整，因此，评价体系对于具体课程体系的构建、课程内容的选择以及教学的具体实施同样具有重要的导向作用。在构建评价体系时要时刻注意这一特点，因为评价体系的科学性将对教学过程产生十分重要的影响。

（二）整体性原则

1.评价内容的全面性

评价体系构建整体性原则的首要要求就是评价内容的全面性。全面性意味着评价内容应涵盖学习者在技能掌握、专业知识积累，以及实践能力、创新思维、工匠精神内涵提升等多个方面的表现。同时，评价内容的全面性也需要关注学习者在学习过程中的动态变化，以及学习者在不同学习阶段的特点和需求。

评价内容的全面性是评价活动有效性和准确性的重要保证。首先，全面性评价内容能够使评价者更全面、更深入地了解被评价者在知识掌握、技能运用、态度表现等多个方面的情况，避免评价的片面性和偏颇性，使评价结果更为客观准确。其次，全面性评价内容可以使评价者发现被评价者的潜能和优点，对被评价者的全面发展提供支持和指导。通过对被评价者多方面、全方位的评价，可以挖掘他们的潜力，促进他们的成长。最后，全面性评价内容还有助于形成多元化的评价视角和方式，促进评价的公正性和公平性。不同的评价视角和方式可以使评价者对被评价者的表现进行多角度、多层次的考查，减少单一评价视角和方式可能带来的偏见和误解。在教育评价中，全面性评价内容可以鼓励教师对学生进行多元化的评价，包括对学生的知识掌握、技能运用、学习态度、创新能力等多个方面的情况进行评价，使教师的评价更为全面和深入。

2. 评价指标的逻辑性

整体性原则要求工匠精神培育评价体系各指标之间有着清晰的逻辑联系，且各个指标组合在一起后能够全面反映出工匠精神培育的育人成效，这就需要做到，既不能使指标出现重复、冗杂的情况，还要保证指标之间联系紧密。工匠精神培育评价体系各指标之间必须具备逻辑性，因为只有当各个指标之间的关系被明确并逻辑地组织起来时，才能准确地理解和解释评价结果。工匠精神本身并非由具体的教学内容构成，因此，其评价内容的选取、组织与把握难度相对较大，更需要注重评价指标的内在逻辑性。逻辑性是评价体系的基础，它确保了评价结果的一致性和可靠性。没有逻辑性的评价体系可能会导致评价结果混乱和误解，从而影响评价结果的信度和效度。评价体系是由多个指标构成的，这些指标之间的关系形成了评价体系的内部结构。只有理解了这种内部结构，才能正确理解评价结果。例如，工匠精神的培育是一个复杂的过程，包括技能学习、价值观形成、态度转变等多个方面。这些方面之间相互影响，形成了一个整体。如果忽视了这种内部的逻辑关系，可能就无法准确理解评价结果。

3. 目标指向的一致性

整体性原则要求评价指标的目标指向要具有一致性，不同的指标评价的内容虽然有所不同，但是必须服务于"促进学生综合素质全面发展"这一整体目标，既不能偏离工匠精神培育的基本要求，也不能脱离各专业教育教学安排，只有这样，才能保证评价体系的有效性。评价体系是用来衡量学生在培育工匠精神方面的进步和成果的，这就要求评价指标必须针对性地反映工匠精神的关键要素，如专业技能、持久耐心、精益求精的态度等。如果评价指标的目标指向不一致，那么评价结果可能会偏离人们希望了解的关键内容，从而影响到评价的准确性。

（三）多元化原则

1. 评价内容的多元化

工匠精神培育评价内容应该是多元化的，这是符合学生全面发展这一整体价值追求的。评价内容不能像传统专业课程评价那样仅重视文化课教学的评价，还应包含实践能力、思想道德素养等各个方面的评价。

2. 评价方式的多元化

多元化原则还要求工匠精神培育评价的方式要多元化发展。传统的教学评价注重结果性评价，一般体现为以考试为主的成绩测试，这种评价方式过于单一且不能全面反映人才培养的要求。现代高等教育重视学生综合素质的发展，因此在评价时应关注学生各个方面素质的提升，且应将过程性评价与结果性评价有机结合，既要考查学生对于知识与技能的掌握情况，同时也要考查不同阶段教学的开展情况。

3. 评价主体的多元化

多元化原则还要求工匠精神培育评价主体多元化。在我国传统的高校人才培养评价体系中，教育者一般是评价主体。但随着时代与教育的发展，人们越来越深刻地认识到，学生是教学的主体，人才培养只有坚持以学生为主体，才能达到理想的教育目标。学生既是学习者，也是评价者，不同的育人主体也应深入参与教学评价，多角度、全方位地对人才培养的全过程进行评价。传统的以教育者为单一评价主体的模式在一定程度上可能导致评价结果的主观性。如果将评价主体扩大到学生、家长、社会等，那么就可以从多个角度和多个维度对学习者进行评价，这样可以降低评价的主观性，提高评价的公正性。单一的评价主体可能无法全面把握学习者的所有能力和特点，而多元化的评价主体可以从不同的角度对学习者进行评价，这样可以全面了解学习者的能力和特点，进而做出全面、准确的评价。

工匠精神培育本身针对的是学习者综合素养的提升，因此更加需要多元化的评价主体。不同的评价主体对学习者有着不同的认识和了解，因此可以从不同的角度深入分析和评价学习者，这样可以使评价更加深入和细致。例如，教师可以从教学的角度深入评价学生的学习情况；学生可以从学习的角度深入评价自己的学习情况；家长可以从生活的角度深入评价学生的生活态度和习惯；社会可以从实践的角度深入评价学生的实践能力和经验。

（四）层次性原则

1.教学阶段的层次性

针对不同的教学阶段，评价体系应该体现出鲜明的层次性，因为不同年级、不同年龄的学生在认知能力与思维水平上存在较大的差异，且学生之间的个性也由于教学阶段的不同而处于不断变化的状态，因此，需要针对不同的教学阶段构建不同的工匠精神培育评价体系。

2.教学对象的层次性

不同的教学对象在认知水平、思维能力、个性特征等方面有着鲜明的差别，评价体系要重视这种差异性，针对不同的教学对象采用不同层次的工匠精神培育评价指标。

3.教学内容的层次性

高校工匠精神培育以及各专业的教学内容是循序渐进的，不同阶段、不同模块的教学内容在难易程度上是不同的，工匠精神培育评价体系要立足于具体的教学内容，针对不同的教学内容分层次进行评价。

（五）可操作性原则

1.评价体系的精简性

构建高校工匠精神培育评价体系，要在保证评价项目完整性的同时，注重评价体系的简化与明确，控制评价指标的数量，剔除无关紧要的评价内容，杜绝评价指标冗余的现象。构建课程评价体系应该使评价目标与评价项目之间具有较好的一致性，实现评价项目与评价目标的良好融合。这一目标的实现依靠的不是冗杂的评价指标，而是能够准确反映课程体系质量的精简且明确的指标。因此，高校工匠精神培育评价体系构建要注重精简性，使课程既能充分满足育人要求，又能保证简单易行。

2. 评价指标的可测性

高校工匠精神培育评价体系构建的可操作性原则还体现在评价指标的可测性上。在分析方法上，课程体系评价指标的分析方法主要分为两种，分别是定性分析与定量分析。在定性分析层面，要对评价指标的内涵、等级与层次进行明确划分，不能使用模糊的术语，要提高评价结果的区分度。在定量分析层面，要使评价指标尽量准确、客观、可测量，要选取科学的数据分析模型对评价指标进行计算与分析，提升评价结果的科学性。

3. 评价机制的有效性

评价机制的有效性指的是评价体系应发挥其应有的功能，包括导向功能、监测功能、资源配置优化功能等。评价机制要能够及时反馈有效的信息，帮助教师及时发现教学中出现的问题并进行调整。要保证评价机制的有效性，就需要教师按照工匠精神培育的标准构建评价体系，并在教学实践中持续对评价体系进行优化。

第三节　新时代工匠精神培育评价体系构建的路径

一、明确评价指标

科学构建大学生工匠精神培育的评价体系，首当其冲的是要明确评价指标，评价指标应与工匠精神培育的目标紧密联系，以确保评价的方向性和目的性。培育工匠精神不仅仅是培养学生的技术技能，更要树立他们的专业精神和职业道德，激发他们的创新能力，培养他们的团队合作精神和社会责任感。因此，评价指标的设定应涵盖这些方面。评价指标是评价体系的核心，它直接影响到评价结果。在设定评价指标时，要考虑到指标的全面性、科学性和实用性。全面性是指评价指标要能全面涵盖评价的目标和内容。科学性是指评价指标要能科学、准确地反映学生的学习情况。实用性是指评价指标要能在实际评价中得到有效应用。

二、完善评价内容

（一）教学目标评价

1. 教学目标的可行性

教学目标对于课程体系的构建与课程教学具有直接影响，因此，教学目标的可行性评价对于高校工匠精神培育目标的制定来说十分重要。只有可行的教学目标才具有实施价值，才能对课程体系的构建以及教学活动的开展起到指导作用。

教学目标的可行性主要体现在以下几个方面：第一，教学目标需要符合客观基础，即学校的教学条件、区域发展实践情况等。倘若教学活动脱离了这些条件，就难以达到理想的育人效果。第二，教学目标需要符合学生的认知规律和身心发展规律，学生是教学活动的主体，不符合主体认知规律的目标自然是难以实现的。因此，在制定教学目标时，要根据学生的认知规律和发展需要设置教学目标的内容与难度。第三，教学目标的设定要符合教育的一般规律。第四，教学目标需要能被教师理解和接受并且教师能在实际教学过程中落实。教师是教学活动的主导者，只有在教师理解并接受教学目标的基础上，教学活动才能按照目标推进，达到理想的育人效果。

2. 教学目标的准确性

教学目标对于教学活动具有重要的指导作用，因此，教学目标的表述必须是准确的，不能是模棱两可的。准确表述的教学目标为高校工匠精神培育提供了明确的教学方向。教师和学生在教学过程中能够明确教授和学习的目的，从而有针对性地进行教学活动。明确的教学目标有助于保证人才培育的质量和效果。教学目标表述的准确性也有助于教师更好地理解工匠精神培育的要求，使教师根据教学目标选择合理的教学计划和策略。教师可以根据明确的教学目标，安排合适的教学内容、教学方法和教学进度，确保教学活动的顺利进行。准确表述的教学目标还能为教学效果评价提供客观、清晰的参照标准。通过对比教学目标和实际教学效果，教师可以对教学过程进行全面、客观的评价，从而发现教学中存在的问题，为教学改进提供依据。

（二）教学内容评价

1. 教学内容的实践性与时代性

科学构建高校工匠精神培育评价体系，应关注教学内容是否具有实践性和时代性。实践性要求教学内容能够紧密结合学生的实际生活和社会对于人才的实际需求，使学生在学习过程中能够理论联系实际，培养自己的实践能力。时代性要求教学内容能够紧跟时代发展的步伐，关注社会热点问题，保证教学内容不落后于时代与市场发展的需求，同时使学生能够及时了解国家政治、经济、文化等方面的最新动态，提高判断能力。具有实践性与时代性的教学内容能够保障学生的素质结构是按照时代需求所构建的，能够将学生培养成为具备现代职业道德和社会责任感的高素质人才。

2. 教学内容的系统性与结构性

高校工匠精神培育的教学内容还需具备系统性与结构性。系统性要求教学内容具有完整的逻辑体系，各部分内容之间有明确的内在联系。结构性要求教学内容在知识点、教学方法和教学资源等方面有合理的安排，保证教学活动的顺利进行。具备系统性与结构性的教学内容有助于学生更好地理解工匠精神，更好地掌握实践技能，形成系统、完整的知识与技能结构，提升工匠精神培育的质量和效果。

3. 教学内容的创新性与引导性

工匠精神培育的教学内容还应具备创新性与引导性。创新性要求教学内容能够充分体现新时代、新思想、新观念，能够培养学生的创新意识和创新能力。引导性要求教学内容能够引领学生树立正确的世界观、人生观和价值观，有助于学生对于生产生活实践形成正确的认识和判断。

（三）课程结构评价

1. 知识层次与广度

工匠精神培育的课程结构评价要与学生的专业学习紧密结合，要关注课程所涵盖的知识层次与广度。合理的课程结构应该保证学生在专业教育与素质教育方面获得全面、系统的知识体系，涵盖基本理论、基本知识、基本技能等方面。同时，课程结构应充分体现高校教育的特点，与学生的专业方向和职业发展需求相结合，在保证学生专业素质与职业素养提升的同时，培育学生的工匠精神。

2. 课程类型与设置

工匠精神培育的课程结构评价还需关注课程类型与设置。高校课程结构应包括必修课程、选修课程和实践课程等多种类型，以满足学生成长发展的不同需求。必修课程主要传授基本理论知识，培养学生的核心素养；选修课程根据学生的兴趣和特长为学生提供更多选择空间，拓宽学生知识面；实践课程则侧重于培养学生的实践技能与职业能力。合理的课程类型与设置有助于提高教学质量，激发学生的学习兴趣和积极性，帮助学生在实践中培育工匠精神。

3. 教学进度与教学安排

工匠精神培育课程结构评价还需关注教学进度与教学安排。合理的教学进度应符合学生的认知规律和接受能力，既不过快，导致学生跟不上，也不过慢，影响学生的学习效果。教学安排应考虑课程的实际需求和学生的学习特点，合理分配课时，使学生能够在有限的时间内高效地掌握所学知识。同时，教学安排还应注意课程之间的关联性，形成系统、完整的知识体系。工匠精神所提倡的精益与创新都是建立在良好的职业素质之上的，只有具备了扎实的专业能力，才能真正按照工匠精神的指引，更好地实现自身的人生价值。

4.课时总量与课时比例

工匠精神培育的课程结构评价关注各类课程之间比例的科学性。课程结构反映的是教学活动所期望的学生的素质结构，因此，课程结构是否合理将直接影响学生的素质结构是否符合工匠精神培育的需求。课程结构评价除了评价不同课程之间比例的合理性之外，还需要对课时安排的合理性进行评价。对课时安排合理性的评价主要集中在两点：一是对课时总量合理性的评价。在课时安排中，课时总量倘若不合理，那么课程结构的合理性也将无从谈起。二是对具体科目课时比例合理性的评价。不同专业的科目类型与重要性均有所不同，这就要求教育者要抓住主要矛盾，明确教学重点，科学设置课时比例。

工匠精神培育更多体现在隐性课程上。显性课程也叫正规课程、显在课程，指的是教师和学生在规定的时间、地点，依据教材和教学大纲，完成规定教学内容的，有目的、有计划的教学实践活动。隐性课程则是除显性课程之外的能对学生知识、技能和综合素质的提升产生促进作用的教育过程，是一种隐含的、非计划的、不明确或未被认识到的课程。隐性课程包括学校文化方面的教育、学习与生活环境方面的建设以及人际关系的建立等。与显性课程有组织地开展教学活动不同，隐性课程对于学生的成长和发展的影响是潜移默化的，更多表现为一种"润物细无声"的教育形式。工匠精神并非具体的教学内容，而是对于学生实践具有重要指导意义的精神与理念，在高校中传承与弘扬工匠精神，不能靠课堂上的知识灌输和理论说教，而是要通过美育与德育的手段，潜移默化地对学生产生影响。因此，要充分发挥隐性课堂的作用，促进学生工匠精神的内化。

（四）教学实施评价

1.对于教学资源的评价

教学资源包括教材、多媒体课件、网络资源等，它们能够为教师和学生提供丰富的教学支持，增强教学的针对性和实效性。对于教学资源的评价尤其要重视对于教材的评价。教材是知识的载体，是教师开展教学活动重要的辅助工具，教材直接体现着教学内容，影响着教学方法，在教学过程中扮演着十分重要的角色。在高校工匠精神培育过程中，对于专业教材的评价，既要重视评价教材的逻辑性、科学性、价值性、丰富性，还要重视评价教材的内容与逻辑是否符合工匠精神培育的要求；是否满足学生全面发展的基本需求；是否遵循学生的身心发展规律和认知规律，并重视教材内容与其他学科内容之间的协调。

2. 对于教学条件的评价

教学条件指的是教学活动的硬件与软件，其对于育人成果具有十分重要的影响。在高校工匠精神培育过程中，优化对于教学条件的评价十分重要。应用型人才培养的教学过程与传统的以理论知识灌输为主的教学过程之间有着很大的不同，应用型人才培养更加重视学生专业技能的培育与综合素质的提升，这需要学校提供充足的软硬件资源保障。高校需要重视硬件资源的配备，只有为学生实践训练提供充分的硬件资源，才能保证实践教学的实效性。工匠精神培育还需要足够的软件资源支撑，不仅需要高素质的师资队伍，还需要良好的教学环境与丰富的美育资源。

3. 对于教学实施过程的评价

对于教学实施过程的评价是高校工匠精神培育评价体系的主体组成部分之一。对于教学过程的评价主要集中在教学模式的构建、教学方法的选用与教学监控等方面。若想取得良好育人效果，还必须在教学过程中紧紧围绕育人目标、坚决贯彻育人理念、坚定执行育人方案，同时，灵活采用教学方法，重视学生个性化发展，因材施教，切实提升学生的实践能力与职业素养，全面培养和提升学生的综合素质。

（五）教育者评价

1. 教师专业素养评价

教师专业素养是教师素质核心的组成部分，教师只有具备相对完善的专业知识结构，才能保证教学的质量，才能准确进行各专业模块知识的传授，树立教师的权威，并保障教学活动的顺利推进，保证学生专业素质结构的构建。

2.教师教学能力评价

一名优秀的教师不仅要具备相对完善的专业知识结构，还要具备丰富的教育学知识与实践教学能力，包括沟通能力、教学设计能力、教学监控能力与教材驾驭能力。只有这样，教师才能在教学实践中游刃有余，更好地开展教学活动，也更利于学生工匠精神的培育。

3.教师综合素质评价

教师的综合素质包括思想道德素质、心理品质、身体素质以及基本个人素质等。在教学实践中，教师不仅发挥着传授知识的作用，还是学生的榜样，教师的综合素质也会对学生的学习效果产生巨大的影响。因此，具体到工匠精神培育之中，也要关注教师综合素质评价。

三、优化评价方法

（一）过程评价与结果评价相结合

"改进结果评价，强化过程评价"是中共中央、国务院印发的《深化新时代教育评价改革总体方案》的重要内容。强化过程评价，不仅要认识它的含义与功能，明白它的基本思路，而且要有针对性。这种针对性对真正强化过程评价是非常必要的。强化过程评价的针对性体现在不同的学生、课程与学科方面。近年来，教育界强调教师要加强过程评价。过程评价的目的不是区别和比较学生间的学习态度及行为表现，而是评价个体内差异。开展过程评价，教师既要肯定学生的成绩，又要鉴别其存在的问题。也就是说，过程评价是针对学生自身发展前后、学生个体有相关性的不同侧面进行的比较，是一种发展性的评价方式。过程评价的主要功能是促进，而不是单纯地得出结论。这意味着过程评价包含了对学生的学习成绩和成绩背后原因的分析，也包含了对应该如何改进的思考和判断。过程评价的目的是促进学生综合素质的全面发展，而不仅仅是对学生学习成绩的客观反映，这与工匠精神培育具有非常好的适配性。过程评价包含了证据、判断和结论三种要素，三者构成了一个完整的、系统的评价过程。过程评价与结果评价、增值评价与综合评价是联系在一起的，是对结果评价的一种延伸与拓展，并且融合了增值评价与综合评价。

过程评价的基本原则是促进学生全面发展与个性化发展的有机统一，这是符合现代教育理念与教育改革的价值追求的。在高校学生工匠精神培育的过程中强化过程评价，首先，需要实现评价证据的多样化，通过多条标准收集不同类型的评价证据，同时，对于不同证据的评价方式也应是多样化的。其次，要坚持主客观相结合的判断思路，教师要将客观的证据与自身主观的经验与判断充分结合，得出更加科学的结论。最后，教师要针对工匠精神培育给出建设性的结论思路，秉持建设性原则，对教学活动提出建设性意见。

虽然提倡重视过程评价，但并不等于不重视结果评价。对于教育结果的评价应立足于育人成果，通过分析各项教育指标的评测情况对于整个育人过程的成效进行总结性评价，以确定当前的育人模式是否存在不足。具体到高校工匠精神培育中来看，工匠精神既是一种精神，也是一种素质要求，学生需要具备工匠精神所提倡的一系列品质，同时，若想使这些品质更好地作用于实践，学生还必须掌握扎实的专业技能。比如，精益是工匠精神重要的精神内涵，而精益的前提是学生已经掌握了扎实的知识、技能与方法，并在此基础上不断精进自身的技艺，力求取得更好的实践成果，那么在人才培养过程中，对于学生是否掌握了具体的知识、技能的考查就显得十分重要。因此，若想进一步优化高校学生工匠精神培育的评价模式，就必须重视过程评价与结果评价的有机结合。

（二）定性评价与定量评价相结合

定性评价，是不采用数学的方法，根据评价者对评价对象平时的表现、现实状态或文献资料的观察和分析，直接对评价对象做出定性结论的价值判断；定量评价是采用数学的方法收集数据资料，对评价对象做出定量结果的价值判断。定性评价重质，定量评价重量。定性评价与定量评价各有自身的优点。要改变以往以定量评价与结果评价为主的评价模式，就要创新评价方法，形成过程评价与结果评价相结合、定性评价与定量评价相结合的现代化教学评价机制。

（三）优化增值评价

增值评价是相对较为新颖的评价方式，它不以学生的考试成绩作为评价学校和教师的唯一标准，而是引导学校教育与评价模式多元化发展。教育增值评价就是以学生的学业成就为依据，追踪学生在一段时间内学业成就的变化，并将客观存在的不公平因素的影响分离开来，考查学校对学生学业成就影响的净增值的评价。

增值评价强调的是学生在学习、生活、情感、社会性发展等方面的成长，重视考查在接受一定阶段的教育后，学生在各自起点的基础上进步、发展、成长、转化的"幅度"，并以此对学生个体发展和学校效能进行价值判断的评价方法，这和学生综合素质评价改革的理念是一致的。增值评价的特点主要体现在以下几个方面。

第一，增值评价是一种纵向评价，关注的是一段时间内学生的成长、学校的发展。教育评价中常用的评价方式之一是以学生成绩原始分数的平均分或升学率为评价指标，确定学校或教师的工作是否有效。第二，增值评价是一种多元评价，它更关注测量数据背后所隐含的价值，关注学习环境、教育环境对教师的教学、学生的学习产生的影响。增值评价将学生的成绩与多种因素联系在一起，把各种相关影响因素考虑进来，得到学生学习成绩数据背后更为广泛和真实的含义。在具体实施的过程中，通过相关统计分析技术，从众多的因素中把学校对学生发展的相关影响因素挖掘出来，然后分析比较学生在前后两次学习成绩测评期间的进步幅度，就可以得出学校、教师等对学生发展所产生的具体作用。第三，增值评价有助于促进每一位学生、教师和每一所学校的发展。增值评价是针对一定发展阶段的纵向评价，在设计上具有跟踪观察的特征，能够通过多元的、丰富的数据描述识别出学生、教师或学校的成功与失败之处，作为发现问题、做出决策的起点，对个体或学校的发展具有积极的引导作用。

在高校学生工匠精神培育的过程之中优化增值评价，需要从以下几个方面着手。

首先，要重视数据的收集、积累与分析，没有数据的积累，增值评价就是无源之水、无本之木。增值评价重视对学生成长过程与教学效能的评价，是一种过程性的、阶段性的评价模式。这种评价是基于相对微观的教学数据变化的，因此，若想优化增值评价，提升其对于教学实践的指导能力，就必须以实际的教学数据，以及相对科学的数据分析模式作为技术支撑。对于高校学生工匠精神培育来说，数据收集十分重要，因为高校学生工匠精神培育有着显著的美育与德育性质，因此，无论从教育内容上来看还是从育人目标上来看，若想利用增值评价对高校学生工匠精神培育效果进行考查，就必须重视数据的收集与积累。因为高校学生工匠精神培育效果的很多指标是相对抽象的，而增值评价必须以数据为支撑，因此，做好高校学生工匠精神培育指标的数据转化是教育者的重要任务之一。

其次，优化增值评价需要在政府的引导下，组织联合区域内的学校定期举行标准化测试，以及教育质量评估调查等。如果没有区域层面的教育质量检测，就很难对学校以及教师的教学效能进行比较。因为对于学校来说，增值评价是一种相对较新的评价模式，有的学校缺乏经验以及相关的参考，单靠自身的力量很难探索出一条科学化、标准化的评价路径，这就需要充分发挥不同教育主体的作用，在政府的引领下，共同完善增值评价模式。

最后，增值评价需要有相应的统计技术、统计模型的支撑，用以分析、处理、筛选相关的因素，描绘出进步的程度。增值评价是针对学生具体成长情况进行的评价，评价内容相对微观、精细，因此，其对于评价模型与数据统计、分析技术的要求非常高。高校本身的研究能力有限，这就需要高校、研究机构等参与到教育评价的研究中来，在立足高校学生工匠精神培育实践的基础上，不断总结实践经验，理论与实践充分结合，完善评价指标，研究出更符合我国高校教育实际的增值评价系统。

（四）健全综合评价

中共中央、国务院印发的《深化新时代教育评价改革总体方案》在"总体要求"中提出，坚持科学有效，改进结果评价，强化过程评价，探索增值评价，健全综合评价。这里的综合评价指的是对于学生综合素质的评价，其指标包括思想品德、学业水平、身心健康、艺术素养、社会实践五个方面。

健全综合评价是推进素质教育的重要举措，也是提高教育质量的必要手段。健全综合评价需要明确评价目标和标准。评价目标应该是全面的、科学的、客观的，既要考虑学生的学习成绩，也要考虑学生的思想品德、身心健康、社会实践等方面的表现。评价标准应该是科学的、可操作的、具有可比性的，既要考虑学生的个体差异，也要考虑学生的整体表现。健全综合评价还需要建立科学的评价体系。评价体系应该包括多种评价方式和评价工具，如考试、作业、实验、调查、访谈、观察等，既要考虑定量评价，也要考虑定性评价。评价体系应该是动态的、全面的、多元化的，既要考虑学生的长期表现，也要考虑学生的短期表现。加强评价结果的应用是健全综合评价的重中之重，也是其成果的体现。评价结果应该是科学的、客观的、公正的，既要考虑学生的个体差异，也要考虑学生的整体表现。评价结果应该是动态的、全面的、多元化的，既要考虑学生的长期表现，也要考虑学生的短期表现。评价结果应该是有针对性的、可操作的、具有可比性的，既要考虑学生的个体需求，也要考虑学生的整体需求。

在健全综合评价的过程中，需要加强评价过程的监督和管理。评价过程应该是公开的、透明的、规范的，既要考虑学生的个体差异，也要考虑学生的整体表现。高校学生工匠精神培育的过程并非一朝一夕能完成的，是一个持续、长期的过程，且涉及的素质类型丰富多样。因此，在评价的过程中要注重评价的综合性与多元化，要改变以往以考试成绩为评价核心的评价模式，要考虑学生综合素质的提升以及学生的持续性进步。

第七章 工匠精神培育保障体系的完善

第一节 政策制度保障

一、完善政策制度保障体系的重要性

（一）为大学生的工匠精神培育提供指导和支持

政策制度保障对于高校学生工匠精神的培育至关重要，这不仅仅因为工匠精神培育需要长时间坚持才能见到显著的效果，还因为工匠精神培育需要在一个稳定的、可预见的环境中进行，这样才能使得教师、学生，以及所有参与者都能有一个清晰、稳定的期望和方向，而这种长期、持续、稳定环境的营造离不开政策制度的保障与支持。

一个相对完善的政策制度保障体系，能够在宏观层面为工匠精神的培育提供持续、稳定的政策导向和资源支持。政策导向不仅明确了工匠精神培育的重要性，还为具体的教育活动实施提供了方向，为教师制订教学计划、学校设定教育目标、教育行政部门规划教育资源提供了依据。在政策导向的指引下，参与者都能沿着同一方向努力，形成合力，推动大学生工匠精神的培育取得实效。政策制度保障体系还能为工匠精神培育提供稳定的资源支持，包括教育经费、教师队伍、教学设备、教学研究等方面的资源。有了充足、

稳定的资源支持，才能保证工匠精神培育的深度和广度，才能保证每一名学生都有足够的机会参与到工匠精神的培育中，享受到高质量的教育。同时，政策制度保障体系的稳定性还表现在对人才培养实践变化的应对上。教育环境不断变化，新的教育理念、教育方法、教育技术不断涌现，政策制度保障体系需要有足够的灵活性和适应性，能够及时吸纳新的教育理念和方法，调整和更新政策导向和资源配置，以满足工匠精神培育的新需求，确保与时俱进。

（二）为大学生的工匠精神培育创造有利的环境

教育活动是在一定的环境中进行的，从宏观层面来看，政策制度保障体系是一种以国家为主导、法律为依据、社会公共利益为导向的社会管理方式。通过政策制度保障体系，国家能够制定政策与制度对社会进行宏观调控，引导社会发展方向，规范社会行为。在教育领域，政策制度保障体系通过制定相关的政策和规章，能够为大学生的工匠精神培育创造一个有利的外部环境。

政策制度保障体系还为大学生的工匠精神培育提供了价值导向。工匠精神是一种注重精益求精、追求卓越、忠于职业的精神态度，这是基于工匠的生产实践形成的。通过制定相关政策，国家能够进一步明确工匠精神的价值地位，鼓励全社会尊重工匠，推崇工匠精神。这对于营造尊重知识、尊重创新、尊重人才的良好社会氛围，提高大学生的社会认同感和归属感，增强大学生的自豪感和使命感有着重要的作用。具体到高校工匠精神培育，政府还可以通过政策与制度制定影响教育领域对于工匠精神的认同，帮助高校形成一种尊重和提倡工匠精神的教育环境。

（三）为大学生的工匠精神培育提供动力

在人才培养实践中，政策制度保障体系也是一种激励机制，旨在创造一种积极向上的教育环境，鼓励大学生持续进步，成为具备工匠精神的专业人才。这样的体系对于激发大学生的学习动力，引导他们坚持不懈、精益求精具有重要作用。在这个过程中，政策制度保障体系要为学生的学习提供动力。从微观层面看，政策制度保障体系通过设立一系列的奖励机制，如奖学金、荣誉称号、科研资助等，能够有效激发大学生的学习动力，鼓励他们追求卓越，将工匠精神融入自身的学习、研究和实践过程中。每一个获得的奖励都是对他们努力和坚持的肯定，从而增强了他们内在的学习动力，使他们更愿意投入艰辛的学习和实践中去。同时，政策制度保障体系还通过设立一系列的惩罚机制，如学业预警、学分扣减、延期毕业等，警示大学生注重学业，不断提升自我，避免在学习和成长的过程中出现懈怠和滑坡。这样的制度设计既能够确保教育的公平性和严谨性，又能够帮助大学生树立正确的学习观念，使他们明白只有通过辛勤的努力，才能够实现自我价值，培育和深化工匠精神。

政策制度保障体系的作用还表现在激励上。这种激励并非仅仅包括物质层面，更重要的是精神层面。政策制度保障体系通过公开表彰、正面宣传等方式，对在工匠精神培育中表现突出的大学生进行肯定和赞扬，使他们成为学习的榜样，鼓舞其他大学生以他们为榜样，积极培育和提升自己的工匠精神。这种精神激励对于建设积极、健康、向上的学习氛围，引导大学生形成良好的学习习惯和学习态度，提升他们的学习积极性和学习效率，具有重要的推动作用。

完善的政策制度保障体系对于大学生的工匠精神培育具有重要的推动和激励作用。只有在这种强有力的政策制度保障下，大学生的工匠精神培育才能够得以顺利进行。同时，大学生学习的积极性也能进一步得到提升，教育者才能培养出一批批具有高素质、高技能，充满创新精神和工匠精神的优秀人才。

二、政策制度保障体系的完善路径

（一）完善政策制度的结构与内容

完善政策制度的结构与内容是建立和完善大学生工匠精神培育政策制度

保障体系的首要步骤，因为政策制度的结构与内容涉及从国家层面对工匠精神培育重要性的认识和支持，以及对相关政策和制度的设计和制定。

首先，要明确工匠精神培育的重要性。在新时代背景下，工匠精神是推动我国产业升级、实现经济高质量发展的重要动力。大学生作为国家未来建设的主力军，是传承和发展工匠精神的重要力量。因此，从国家层面明确大学生工匠精神培育的重要性，提供政策制度上的保障是十分必要的。其次，要从工匠精神培育的实际出发，设计和制定出相关的政策制度。这些政策制度旨在为大学生的工匠精神培育提供指导和支持，可能涉及教育教学改革、人才培养机制、教育资源配置、学生评价和激励机制等多个方面。这些政策制度需要结合我国的实际情况，有针对性地设计，确保其可行性。最后，政策制度需要具有前瞻性和灵活性。前瞻性意味着教育者要预见到未来的发展趋势，从长远的角度出发，设计出能够适应未来发展的政策制度。灵活性则要求教育者在制定政策制度时，要考虑到社会环境和教育环境的变化，使政策制度有足够的灵活性，能够适应这些变化。

在完善政策制度内容的过程中还要注意到，任何政策制度都不可能是一蹴而就的，需要在实践中不断调整和完善。因此，在设计和制定政策制度时，教育者还需要建立一个有效的反馈机制，及时了解政策制度的执行情况，根据反馈的信息对政策制度进行及时修正和完善。

（二）推进政策制度的创新

政策制度创新作为完善政策制度保障体系的重要一环，其主要目标是通过创新教育教学模式、制订特色鲜明的培育计划以及建立精确的评价机制，以更符合实际需求的方式推进大学生的工匠精神培育。

在政策制度创新的过程中，高校和教育部门需要根据自身的特点和实际情况进行深入思考和规划。由于不同的学校和教育部门所面临的教育环境、教育资源、教师队伍和学生群体都存在差异，因此在推进工匠精神培育的过程中，需要采取符合自身特点的方式进行。创新教育教学模式是政策制度创新的关键内容之一。教育教学模式的选择直接影响到工匠精神培育的效果。

例如，一些学校可能更注重理论教学，而另一些学校则可能更注重实践教学。因此，在政策制度创新的过程中，学校和教育部门需要根据自身的教育资源、教师队伍、学生需求等创新教育教学模式，以更有效地推进工匠精神的培育。制订符合本校特色和学生需求的工匠精神培育计划是政策制度创新的另一个关键内容。计划需要反映学校的特色和优势，同时需要满足学生的学习需求。计划的制订需要综合考虑学校的教育资源、教师队伍等因素，以保证其针对性和可行性。

政策制度创新还需要建立一套完善的评价机制，这一评价机制需要全面、细致地评价大学生的工匠精神培育情况，以便及时展现培育的效果，发现存在的问题，以及调整和改进培育的方式和内容。这一评价机制需要具有科学性、合理性和公正性，以保证评价结果的真实性和公正性。政策制度创新是一项复杂且必要的工作，政策制度在人才培养过程中处于引领地位，需要制定者综合运用教育理论和实践经验，充分结合具体区域、高校的人才培养实际，通过不断探索和实践，找到最符合自身特点和需求的方式，以更有效地推进大学生工匠精神的培育。

（三）强调政策制度的实施与执行

好的政策制度只有坚决地予以贯彻落实，才能发挥其应有的作用，因此可以说，政策制度的实施与执行既是政策制度保障体系构建的最后一个环节，也是政策制度保障体系的生命线，它涵盖了政策制度从设计到实际运用的全过程。这一阶段的核心问题是如何把政策制度转化为真实的行动，使其在大学生的工匠精神培育过程中发挥实际作用。

为了确保政策制度的有效实施，教育部门和学校需要编制详细的实施方案。这个实施方案是对政策制度的具体化，是将政策制度的目标和要求转化为具体的行动步骤和操作方式。在编制实施方案时，教育部门和学校需要考虑到各种实际因素，包括教育资源的分配、教师队伍的状况、学生的学习需求等，以确保实施方案的可行性和有效性。

政策制度实施与执行还要明确各主体所应承担的责任。每一项政策制度的实施都需要明确责任。责任主体的选择直接影响到政策制度的执行效果。因此，教育部门和学校需要明确哪些部门或者人员负责执行哪些政策制度，明确详细的责任分工，让每个人都清楚自己的职责所在。

政策制度的执行不仅需要有明确的实施方案和责任主体，还需要有严格的监督和考核机制，以监督政策制度的执行情况，考核执行的效果，发现并及时纠正执行过程中存在的问题。这个机制的建立需要综合考虑各种因素，包括政策制度的特性、学校的实际情况、执行人员的能力等，以确保其公正性和有效性。

政策制度的实施与执行是一项艰巨而重要的任务，需要教育者综合运用管理理论和实践经验，通过科学的方式，确保政策制度在大学生的工匠精神培育过程中发挥出最大的作用。这需要教育者有清晰的目标、明确的责任、充足的资源、科学的方式，以及刚性的纪律，通过这些手段，使政策制度不再是空中楼阁，而是落地生根，展现出实际效果。

（四）重视政策制度的反馈与修正

反馈与修正的过程，其实是一个动态的、持续的优化和调整的过程。在政策制度保障体系的构建中，反馈与修正环节的重要性不亚于任何一个环节。教育者需要理解，任何一项政策制度都不可能在一开始就完全符合实际情况，总会有需要优化和调整的地方。因此，建立一套完善的反馈机制，定期对政策制度的实施效果进行评价，根据评价结果及时进行调整和修正，是至关重要的。

完善的反馈机制是确保政策制度实施效果得以持续改善的关键。这套机制应当包括对政策制度执行过程的反馈，以及对执行结果的反馈。执行过程的反馈主要是发现和解决政策制度执行过程中出现的问题，包括执行过程中的操作错误、理解误差、资源配置问题等。执行结果的反馈则是对政策制度执行后产生的实际效果进行评价和反馈，比如，政策制度是否达到预期目标，是否带来了预期效果，是否存在着未预见的副作用等。教育者需要建立一套科学的评价体系，对反馈结果进行有效解读和应用。评价体系的建立应当基于对政策制度实施实际效果的深入理解和科学分析，避免因为误读反馈结果而导致对政策制度的错误修正。同时，评价体系也应当包括对执行人员的评价，以此来监督和保证执行人员的执行质量。

根据反馈结果进行政策制度的修正和调整，是反馈与修正过程的最终目的。这个过程需要教育者以开放和创新的心态，对存在问题的政策制度进行大胆修正和调整，而不是保守地坚持错误。修正和调整的方向应当基于对反馈结果的科学解读，既要考虑到政策制度执行过程中出现的问题，也要考虑到执行后带来的实际效果。在大学生工匠精神的培育中，反馈与修正的过程可以帮助教育者不断优化政策制度，使之更加贴近实际，更有利于工匠精神的培育。这个过程需要教育者具备批判性思维，勇于改变，不断求进，只有这样，教育者才能通过政策制度的持续改进，更好地推动高校工匠精神的培育。

第二节　教育资源保障

一、教育资源保障的重要性

（一）教学实践开展的基础

教育资源是进行人才培养，开展教学实践的基础，因此，教育资源在高校学生工匠精神的培育中扮演着至关重要的角色。

教育资源能够帮助学生树立正确的价值观。价值观作为人们的行为指南，是塑造个人行为的重要因素，对于高校的学生来说，工匠精神就是他们需要坚守的价值观。优质的教育资源包括具有丰富教学经验和专业知识的优秀教师、丰富且涵盖广泛的课程资源。优秀的教师通过教诲和示范，能够激发学生对工匠精神的热爱和追求；丰富的课程资源则能够从不同的角度和层面，帮助学生全面且深入地理解工匠精神。

在对于工匠精神深刻理解的基础上，优质的教育资源能够进一步帮助学生形成精益求精、一丝不苟的工作态度。这种工作态度是工匠精神的重要体现，也是学生未来步入社会、从事相关工作的重要素养。学校通过实践教学、模拟实训等方式，可以让学生在真实或仿真的工作环境中，体验和实践工匠精神，形成这种追求卓越的工作态度。这样学生未来走入社会，就能够更好地将工匠精神落实到具体的工作中，用实际行动践行工匠精神，从而为个人的职业生涯发展奠定坚实的基础。

（二）提升专业素养的保障

在高校学生工匠精神培育中，教育资源的重要作用无可替代，因为其为学生提供了丰富的实践机会，让学生有机会通过实际操作来提升自己的专业技能和素养，从而做好步入未来职场的准备。可以说，丰富的教育资源就像一座桥梁，连接着学生与工匠精神，使得工匠精神能够在学生的学习实践过程中得到有效的培育。

丰富、优质的教育资源可以帮助学生更加深入地了解工匠精神的内涵。工匠精神不仅仅是一种技能或者一种态度，更是一种价值观，是一种对工作的热爱，对技艺的追求，对质量的坚持，对完美的向往。教育资源，包括课程内容、教师教学等，能够从不同的角度、层面帮助学生理解和把握工匠精神的内涵，使得学生能够真正认同并接受工匠精神，然后将其转化为实际行动的动力。优质的实践教育资源还可以为学生提供大量的实践机会，让他们在实践中提升专业技能。工匠精神的核心是对技艺的精益求精，对质量的严谨把控，这需要在长时间的实践中不断打磨和积累。高校的教育资源能够为学生提供这样的实践机会。学生可以在实验室、实训基地进行各种实验和操作，模拟真实的工作环境，不断提升专业技能，从而更好地理解和实现工匠精神。职业素养既包括专业技能，还包括职业道德、团队协作能力、问题解决能力等各方面，这些都是通过教育资源来培养和提升的。学生可以通过课堂学习、实验实训、项目合作等方式提升职业素养，为未来的职业生涯做好准备。

（三）营造良好学习环境的保证

在高校学生工匠精神的培育过程中，优质的教育资源能够建设良好的学习环境，有助于激发学生的学习积极性，使他们愿意投入学习和实践中。因为，真正的学习和成长是需要在良好的环境中进行的，只有在这样的环境中，学生才能更好地发挥主观能动性，主动地学习、实践，挖掘潜力，积累经验，提升技能，形成工匠精神。

优质的教育资源，如高素质的教师队伍、先进的教学设备、丰富的教学材料、多样化的课程设置等，可以为学生提供丰富多元的学习和实践的机会。这些机会不仅能够使学生掌握专业技术，更能够帮助他们了解并理解什么是工匠精神，以及如何将工匠精神转化为实践行动。高素质的教师不仅能够传授给学生专业知识，更能够通过个人的榜样力量引导学生形成良好的职业习惯，培养学生对工作的热爱和敬业精神，帮助学生树立正确的价值观。良好的学习环境还能够激发学生的学习积极性。在良好的学习环境中，学生才能感受到学习的乐趣、找到学习的动力，才能够全身心投入学习和实践中。优质的教育资源使学习变得更加生动有趣、贴近实际，能够让学生更好地理解和掌握所学知识，更好地提升实践技能，使他们不断体验成功、提高自信，从而更加积极地投入学习和实践中。

二、教育资源保障的优化路径

（一）优化硬件资源

硬件资源对于新时代工匠精神培育的效果具有非常重要的影响。实验室、实训车间以及实习基地等硬件设施的水平能够直接影响到学生的实践能力的培养。这不仅仅是因为它们提供了一个物理空间，让学生有机会接触实际操作，更是因为它们构建了一个模拟真实生产的工作环境，使得学生有机会体验并理解工作的全过程。依托这些硬件设施，学生可以亲身体验实际生产环节，将理论知识转化为实践操作，在实践中不断深化对于理论知识的理解，提高实践能力。硬件资源对于学生工匠精神培育的促进作用不仅体现在知识和技能层面，也体现在态度和意识层面。真实的工作环境使得学生有机会面对真实的问题，学生在解决实际问题的过程中会发现，每一个工作细节都需要用心对待，每一项工作都需要全力以赴，这就是工匠精神最鲜明的体现，也是教育者期望学生在实践环节中能够体验并理解到的。

在硬件资源的配置上，高校更应注重功能性和实用性，而非仅仅追求设备的先进和数量的增加。一个功能齐全、实用性强的实验室或者实践训练场所，能够提供多元化的实践活动，同时与学生的专业有着较强的契合度，与学生就业的主要市场具有良好的适配性，使得学生在具体操作中能够更好地理解理论知识，有效提升技能，也能使学生体验到工匠精神的魅力和价值，还有利于提升学生的就业率，使得实践教学与工匠精神培育能够真正地促进学生的职业发展。

硬件资源的配置也能够影响到学生对于学习和工作的态度。优质的硬件资源能够使学生更愿意投入学习和实践中，更愿意尝试新的事物，更愿意接受挑战。功能齐全、设备先进、符合学生专业需求的硬件资源能够激发学生的学习热情，赋予学生提升自身实践能力的信心，使得学生更愿意投入实践训练之中，更愿意积极地面对学习中的困难和挑战，让学生在实践中体验到工作的价值和意义，对于工匠精神的培育具有重要的影响。

（二）保证资金支持

资金支持在高校学生工匠精神的培育中具有重要的作用。资金是保证教学活动正常运行、提升教学质量、优化教学环境、促进教学改革的基础和保障。没有足够的资金，就无法购买优质的教学设备、聘请优秀的教师、开设丰富的课程、提供良好的学习环境，更无法对教学进行持续改革和创新，这都会对工匠精神的培育带来不利影响。高校的主要任务是培养高素质人才，这就要求其必须具备良好的硬件设施与实践教学条件等教学资源，而这都需要以足够的资金支持为基础。

政府要进一步加大对高校教育的投入力度，为高校提供更多的财政支持，尤其是针对工匠精神培育的专项资金，以保证相关教育活动的正常进行。此外，政府也应支持并鼓励高校进行教学改革，提升教学质量，创新教学方式，以便更好地传承和推广工匠精神。同时，政府还应在政策层面推动产教融合，鼓励和引导企业参与高校教育，通过校企合作、实训基地建设等方式，让学生有更多的机会接触到实际生产，了解行业需求。政府与高校还应设立专门的奖学金或者其他奖励机制，以激励和表彰那些在学习和实践中展现出优秀工匠精神的学生，以此推动更多的学生积极培养和践行工匠精神。

（三）加强师资队伍建设

1. 促进教师培训与专业发展

从广义上来讲，教师专业化有两个层面的含义：一是教师作为一种职业，其专业化程度不断提升，对于从业人员素质的要求更加严格；二是作为从业者的教师群体不断丰富自身专业知识、提升教学能力和技巧的自我提高过程。从狭义上来讲，教师专业化更加强调作为一个整体的教师这个职业的专业性提升过程。高等教育作为层次较高的教育形式，国家对高校师资队伍的专业化发展水平十分重视。近年来，政府和社会给予高校师资队伍建设大量的支持，以促进高校师资队伍专业化水平的提升。教师专业化与教师专业发展是两个不同的概念。双方强调的主体不同，教师专业化更加强调整体，即教师这个职业，而教师专业发展更加强调作为行业从业者的教师个体成长的过程。本书中高校学生工匠精神培育教师专业化发展充分结合了这两层含义，既重视教师自身专业化发展水平的提升，又重视高校教师队伍整体的专业化建设。

促进教师培训与专业发展是提升师资队伍建设水平的重要路径，特别是在工匠精神的传承与创新中。建立健全的师资培训机制，为教师提供系统化的培训课程和机会，是培养教师专业素养和提升教师教学水平的关键。培训课程应包括工匠精神的理论学习。教师需要深入理解工匠精神的内涵和价值，了解工匠精神在当代社会的重要性和应用。培训课程可以涵盖工匠精神的起源、发展历程、核心要素，以及与专业知识、技能训练的关联等内容，帮助教师在理论上建立牢固的基础。培训课程还应注重实践能力的培养。教师需要具备将工匠精神融入教学实践的能力。培训可以通过案例分析、模拟教学、实践指导等形式，让教师亲身体验并学习如何将工匠精神融入课堂教学中。此外，还可以组织教师参与实践项目、校外实习等活动，让他们在实际工作中感受工匠精神的应用和价值。培训机制还应为教师提供多样化的专业发展渠道。教师可以参与学术研究、教学创新和教学资源开发等项目，通过研究和实践来深化对工匠精神的理解和运用。培训机制还可以鼓励教师参与学术会议、研讨会和专业培训班，与同行交流和分享经验，拓宽视野，提高专业素养和教学水平。

教师培训与专业发展还应注重教师的个性化需求和差异化发展。不同的教师在专业背景、教学经验和兴趣方面存在差异，培训机制应灵活设置不同层次、不同领域的培训课程，满足教师的个性化需求，提供有针对性的发展机会。此外，建立教师培训与专业发展的长效机制至关重要。学校和教育部门应加大对教师培训的支持力度，提供资源保障、经费支持和政策引导。同时，建立评估和反馈机制，及时了解教师培训的效果，根据评估结果进行改进和优化，确保培训和发展的质量和可持续性。

2. 激励教师专业成长与创新

激励教师专业成长与创新是提升师资队伍建设水平的重要路径，尤其在工匠精神的传承与创新中，建立评价体系，将教师的专业成长与创新能力纳入考核体系，并设立相关奖励机制，是激励教师积极投入专业发展和创新的关键措施。

科学的教师评价体系应以教师的专业成长和创新为核心，通过量化指标和综合评价的方法，对教师的教学水平、科研成果、课程设计和教学创新等方面进行评估。评价体系要综合考虑教师在专业知识掌握、教学效果、科研成果、教学创新和师德师风等方面的表现，确保评价结果客观、全面、公正。学校还应设立相关奖励机制鼓励教师不断提升专业素养，通过设立奖项、荣誉称号和专项津贴等形式，激励教师在工匠精神传承与创新方面做出成果和贡献。奖励机制可以包括教学成果奖、教育科研奖、教学创新奖等，以及针对工匠精神表现突出的特殊奖项。这些奖励不仅可以体现对教师的认可和鼓励，还可以提高教师的专业积极性和创新动力，推动他们在工匠精神传承与创新方面的持续成长与发展。

3. 建立专业社群和合作平台

通过组建教师专业社群，可以促进教师之间的交流、合作和学习，打破学科壁垒，推动工匠精神的跨学科融合与传承。

教师专业社群应该由高校与教育部门共同建立。教师专业社群是由具有相同专业背景或共同教学兴趣的教师组成的学术交流和合作网络，学校和教育部门可以组织教师定期开展交流研讨会、经验分享会和教学案例研究等活动，促进教师之间的相互学习和合作。教师专业社群提供了一个互相借鉴、共同成长的平台，教师可以分享教学经验、教学资源和教学创新成果，共同探讨教育教学的难题和挑战，进一步提升工匠精神的传承和创新能力。高校应鼓励教师参与学科交流和合作研究。学科交流和合作研究是跨学科合作的重要形式之一，有助于促进不同学科之间的知识交流和理念碰撞。学校可以组织跨学科的教师团队，针对特定课题进行合作研究和项目开发，以促进工匠精神在不同学科领域的融合与传承。教师可以参与跨学科研究小组，共同研究工匠精神在不同学科中的应用与发展，开展跨学科课程设计和教学创新实践，以提升工匠精神的传承与创新效果。

为教师提供合作平台和资源支持也是关键的举措。学校可以建立教师合作平台，提供教学资源共享、创新项目申报、教学团队组建等支持。通过合作平台，教师可以寻找合作伙伴、分享教学资源和经验，共同参与教学创新和工匠精神的传承与创新活动。学校还可以提供必要的经费和设备支持，为教师合作项目提供资源保障，促进教师之间的深度合作和创新。在建立专业社群和合作平台的过程中，学校和教育部门应该提供必要的支持和指导，如组织培训活动，提供专业指导和咨询服务，鼓励教师积极参与，并纳入教师评估和考核体系中，以确保这些平台的有效运行和发展。

4. 强化师德师风建设

教师是工匠精神的传承者和榜样，他们的师德师风对于学生的成长和发展有着至关重要的影响。教师自身的行为和态度能够成为学生积极传承工匠精神的榜样；教师专业热忱、严谨治学的态度以及对技能精益求精的追求，能够激发学生的学习热情和专业投入，引导学生形成正确的职业观和价值观。

学校和教育部门应该制订并实施师德教育计划，向教师传递正确的教育价值观和道德观念，强化师德师风建设，培养教师的职业道德、职业责任和职业素养。通过教育活动、培训课程和师德讲座等形式，引导教师了解和践行工匠精神的核心价值观念，如专业精神、奉献精神、责任意识和持续学习的态度。师德教育应贯穿教师的整个职业生涯，不断强化教师的师德修养和教育理念。另外，要倡导教师树立正确的教育价值观和职业观。教师应当意识到自己的使命和责任，明确教育的本质和目标，以学生的全面发展为中心，以培养具有工匠精神的高素质人才为目标。教师要注重个人修养和职业道德，树立高尚的职业追求和道德操守，成为学生的良师益友和榜样。同时，学校和教育部门应加强对教师的政策引导和管理，明确教师的职业权利和职责，建立起公平、公正、透明的职业发展机制，激励教师发挥个人的才华和潜力。

第三节 校园环境保障

一、校园环境的内涵和特征

（一）校园环境的内涵

学校作为教学活动开展的主要场所，对于学生的成长和发展具有重要的影响。校园环境是校园文化的重要组成部分，由物质环境和精神环境共同构成。物质环境主要包括学校的建筑、设施、花草树木、硬件配套等；精神环境主要包括办学理念、校风、学风、教风、人际环境等。

校园环境对于学生的心理和行为具有重要的影响。良好的校园环境可以促进学生身心的健康发展，使学生沐浴在美的氛围中，充分调动学生的积极性和主动性，提升学习效率，有利于学生养成良好的学习习惯。相反，不健康的校园环境会对学生的成长和发展产生不利的影响。学生的身心健康是正常学习、生活、交往、发展的前提和基础，校园环境的建设应该得到充分的重视。

（二）校园环境的特征

1. 直观性

校园环境是形象的、具体的、直观的，无论是校园物质环境，还是校园精神环境，都是能被学生直观感受到的。物质环境自不必说，其是以具体的形象呈现在学生面前的，学校的精神环境则是蕴含在具体的物质环境和人与人之间的互动交流之中的，也是能被学生明确感知到的。比如，良好的校园环境既体现在校园建筑、设施和花草树木的美观上，也体现在良好的校风、浓郁的学风、和谐的人际关系和友好的师生关系上。

2. 教育性

学校的主要任务是为学生的成长与发展提供教育场所与教育资源，整合不同类型的教育要素，为社会的发展提供高素质人才。因此，教育性是校园环境显著的特征之一。校园环境的教育性指的是不同类型的学校环境文化对于学生的积极情感熏陶以及潜移默化的教育作用。相比于课堂教学，学校环境文化拥有更为广阔的教育内容与教育空间，蕴含着丰富的教育元素，学生置身其中，能够在获得愉快的审美体验的同时得到德、智、体、美、劳全方位的教育。在教育性的校园环境影响下，学生的世界观、人生观、价值观以及情感态度会受到潜移默化的影响。

3. 多样性

校园环境的多样性主要体现在以下几个方面：第一，校园环境的多样性体现在不同学校的环境差异上。学校环境建设没有统一的标准，不同的学校在环境建设上的思路也有所不同。第二，校园环境的多样性表现在学校的治学理念上，秉持不同治学理念的学校在课程开展方式、教学计划、课程安排以及学生的管理上都会有所不同，形成不同类型的学校精神环境。

4. 实用性

实用性同样是校园环境重要的特征之一。校园环境以满足学校师生的实用需要为重要原则，以发挥教育功能为重要特性，学校作为一个承担为社会培养人才任务的实体性空间，环境物质条件是其根本。无论是校园整体环境的美化，还是具体教学设施的建设，都应以实用性为第一考量，要使物有所用，能够对于教育活动起到积极的促进作用。

5. 结构性

结构性指的是学校环境中各要素的整体布局在结构上需要科学、合理。学校环境各要素不是随意设置的，而是根据学校的办学理念以及实际用途有机组合成一个结构鲜明、美观协调的整体布局。这种整体布局需要做到不同功能区合理搭配、分布合理，景观协调、统一、美观。

6. 发展性

时代是不断变化发展的，为了适应时代的要求，教育的理念、内容、模式等要素也需要不断变化发展。作为教育开展的主要环境，校园环境也会跟随教育的发展产生变化，既包括教学设施的更新换代，也包括学校面貌的焕然一新。校园环境的变化能产生新气象，体现新理念，带来新发展，为教育的开展注入新的活力。

二、校园环境建设的路径

（一）校园物质环境建设

物质环境的质量与设施的完备程度直接影响学生的学习效果以及技能的习得，同时在很大程度上塑造着学生的心理感受和行为选择。因此，高校应当努力提升物质环境的质量，营造有利于工匠精神培育的校园环境。

实践教学设施的完善是校园物质环境建设的重中之重。为了培养学生的技能以及对工艺的敬畏之心，学校应当投入资金购置和更新各类实践教学设备，如专业实验室、工作坊、实训基地等。同时，学校需要注重设施的维护和管理，确保设施的正常运行，为学生提供安全、有效的实践学习环境，特别是对于以培养高技能人才为主要任务的高校来说，实践教学条件将会对人才培养效果产生非常直观的影响。学校还应当建设宽敞、舒适的学习空间。图书馆、阅览室、自习室等学习场所的环境品质直接影响学生的学习效果和心理状态。学校可以通过优化空间布局、提升设施品质、增设学习设备等方式，为学生营造出适宜的学习环境。这样的环境不仅能够提升学生的学习效率，同时能够潜移默化地影响学生的行为和心态，促进学生形成坚毅、精细、专注的工匠精神。

当然，学校还应当重视公共设施和公共空间的建设，要将工匠精神融入学校的物质空间建设之中。休息室、食堂、运动场、公园等公共设施和空间是学生日常生活的重要场所，也是塑造校园文化氛围的重要元素，通过优化公共设施和空间的设计、提升设施服务的质量，学校能够为学生提供良好的生活环境，促进学生形成积极、健康、平衡的生活态度，同时在潜移默化中将工匠精神浸润于学生成长发展的过程之中，这也是工匠精神的重要组成部分。

（二）校园文化环境建设

与校园物质环境一样，校园文化环境对于高校工匠精神培育也具有非常重要的影响，良好的校园文化环境能够在无形中引导学生养成专注、勤奋、追求卓越的工匠精神。

高校应当通过举办各种主题活动来弘扬工匠精神。这些活动可以包括专题讲座、技能比赛、实践活动等，让学生在参与过程中了解和体验工匠精神。学校还可以定期举办工匠精神主题的展览或展示，让学生更直观地感受到工匠精神的魅力和价值。学校可以通过课程设置和教学活动来培育工匠精神。比如，虽然工匠精神本身并非传统的高等教育课程，但学校可以在选修课中设置专门的工匠精神课程，邀请有丰富经验的工匠来进行授课；在常规的教学活动中，教师也应该将工匠精神融入日常的理论教学与实践训练之中，积极引导学生养成追求卓越、一丝不苟的工作态度。

办学理念是校园文化建设的重要方面，学校的办学理念对学校整体的组织建设、人才培养理念以及环境设计具有十分重要的导向性作用。办学理念既是一所学校治学思想的集中体现，又对学校的发展具有重要的指导作用，明确办学理念是学校自身发展的需要，也是学校彰显自身教育价值观和办学特色的重要名片。办学理念集中体现在办学目标、学校管理、校风、校训、校徽等方面，科学、先进的办学理念可以帮助学校提升向心力与凝聚力，完善学校管理，提升教育水平和学校的核心竞争力。在高校学生工匠精神培育中，高校应当将工匠精神融入自身办学理念中，在顶层设计中充分体现工匠精神的价值内核，并据此制订相关人才培养计划，开展教学实践。

第八章 工匠精神培育模式与路径的创新探索

第一节 高校产教融合与工匠精神培育

一、产教融合的概念与内涵

（一）产教融合的概念

产教融合既是一种教育理念，也是一种办学模式，相对于其他较为成熟的教育学理论而言，其提出时间较短，学术界对于其概念的界定也存在不同的观点。作为一种人才培养方式，自中华人民共和国成立以来，国家就重视将劳动、生产活动与教育相结合。作为一种具体的人才培养理念，其提出的时间相对较晚，是在高校人才培养实践中逐渐总结形成的。

产教融合最早是由高等职业院校根据人才培养特点提出的构想，由于符合职业人才培养的需求，受到了国家和社会的普遍重视，并作为一种人才培养理念被纳入教育改革和发展的内容之中。从字面意思出发，从人才培养过程来看，产教融合指的是生产活动与教育活动的融合；从人才培养主体来看，产教融合指的就是学校与企业之间的充分合作。近年来，国内产教融合的研究日益增多，特别是在 2017 年之后，相关主题的发文量呈现爆发式增长。学者对于产教融合的研究主要集中在以下几个方面：关于产教融合模式的研究；关于产教融合人才培养模式的研究；关于产教融合制度保障的研究以及关于产教融合动力机制的研究。学者通过研究产教融合各环节以及各组成要素，从不同角度对产教融合的概念进行了剖析。

虽然学术界对于产教融合的概念没有较为统一的观点，但是可以根据产教融合的发展历程与具体内容对其概念有一个总体的认知，即产教融合就是将教育与实践充分结合，通过学校与企业之间的深入合作，培养高素质技能型人才，实现学生、学校与企业共同发展的一种人才培养模式。在产教融合的概念中，以下几个重点需要引起关注。

1. 产教融合是一种模式与理念

产教融合作为现代重要的教育理念，其本质是一种人才培养的模式和理念，而非某种特定的教学方法。这一观念主张在教育过程中，把产业需求与教育培养紧密地结合在一起，以实现教育与产业的双向互动和相互促进。

将产教融合理解为人才培养模式，是因为它强调教育的目的并非仅仅包括传授知识，还包括以适应和服务于产业发展为导向，培养出具有实际操作能力和创新思维的人才。在这种模式下，学生的学习不再只是局限于课堂和教材，而是与现实生活，尤其是产业实践紧密联系。这种紧密联系使得学生能够在学习中获得实践经验，增强自身的实际操作能力和解决问题的能力。

将产教融合视为人才培养理念，是因为它强调教育应以满足社会和产业需求为导向，而非孤立地进行知识的传授。这种理念主张教育应紧密地与社会实际相结合，以培养出能够解决实际问题，适应社会发展需求的人才。这种理念的实现需要教育工作者深入理解社会和产业的需求，将这些需求融入教育过程中，以实现教育的社会化和实践化。

产教融合并非具体的教学方法，而是一种人才培养模式和理念。这种模式和理念可以通过多种教学方法来实现，如实践教学、项目教学、校企合作等。这些教学方法可以在不同程度上实现产教融合，以满足不同的教育目标和学生需求。

2. 产教融合的核心是校企深入合作

在具体的育人实践中，产教融合的核心是学校教学与企业生产的有机结合，是一种建立在校企充分合作之上的人才培养模式。产教融合的核心在于将教育实践与实际产业需求紧密结合，其理念植根于校企之间的全面合作基础之上，因而产教融合可作为培养具有实际能力和创新精神人才的重要途径。从一种更宏观的意义上理解，产教融合不仅仅是一种教育方式，更是一种社会发展的必然趋势。这种趋势的出现是由于社会经济的快速发展，对于高素质人才的需求日益增加，而传统的教育方式已经无法满足这种需求。因此，产教融合应运而生。它将教育与产业联系起来，使得教育更能够满足社会发展的需求。在这种模式下，学校和企业之间的联系不再是简单的合作，而且是一种有机的结合。学校需要从企业中获取最新的行业信息和技术需求，将这些信息和需求融入教学中，使得教学内容更加贴近实际，更具有针对性。反之，企业也需要从学校中获取新的人才和技术，以满足其发展需求。这种双向的、有机的结合，使得教育和产业能够相互促进，共同发展。①

3. 产教融合强调实践的重要性

产教融合的主要特征之一就是对学生实践性技能培养的重视，但这并不意味着边缘化理论知识的学习，而是强调理论知识与实践能力的融会贯通。作为一种独特的人才培养模式，产教融合与传统教育模式的显著差异之一在于对实践活动的深度关注和全面重视。产教融合的核心理念是，学术知识和理论的掌握并不是教育的终极目标，而是为更高层次的实践活动做准备的过程。这种理念改变了传统教育模式对知识的看法，将知识视为一个静态的、可以被传授的对象，更加重视知识的运用，以及在实践中产生新知识。同时，产教融合也为学生提供了一个将理论知识转化为实践技能的机会，使学生能够在实践中体验到知识的价值，提升学生的学习动力和求知欲望。这样

---

① 李德方. 省域职业教育校企合作研究：基于江苏实践的考察 [M]. 苏州：苏州大学出版社，2019：24-26.

学生不仅能够掌握知识，还能够学会运用知识，提高创新能力和解决问题的能力。

4. 产教融合是多主体全方位的发展

产教融合模式的成功实施并非仅仅关乎学生的发展，而是在于多方主体的全面发展和协同进步。它提供了一个独特的机会，使学校、企业和学生得以在互惠互利的基础上共同进步。这种模式下的教育与生产过程不再是分离的，而是紧密联系、共享资源、共享成功、共享未来挑战的。

学校在产教融合模式下可以获得重新定义教学模式的机会，提升其办学水平。这种模式提供了一种新的视角，使学校能够从独立的教学活动转向与企业合作的实践活动。这种转变为学校提供了一个优化教学模式、提高办学质量的可能性。同时，它也为学校提供了一种新的教育资源，即企业的专业知识和经验，这对于提升学生的实践能力具有重要意义。对于企业来说，产教融合提供了一种新的人才培养方式，使其可以直接参与到人才培养过程中，从而获得发展所需的具备专业技能和知识的人才，企业就可以依靠自身的智力资源和人才资源来优化生产结构，创新生产模式，提升市场竞争力。此外，企业也可以通过这种模式将其专业知识和经验传授给学生，从而培养出更高水平的具有专业技能和实践经验的人才，这对于企业来说是非常有价值的。

（二）产教融合的内涵

产教融合从提出到被人们普遍接受，经历了一个从无到有，从模糊到具体的过程，这符合事物发展的一般规律，也符合教育理念从萌芽到成熟的发展规律。产教融合是一种人才培养模式和理念，而并不是具体的教学方法，因此，产教融合具有丰富的内涵，在具体的人才培养过程中有许多表现形式，包括产学研一体化发展以及一系列校企合作形式。

部分学校重视理论知识的教学，忽视实践技能的训练，将教学活动局限于课堂，学生的实操水平不能得到有效的提升。还有一部分学校则强调实践技能的训练，忽视理论知识的教学，将教育资源过多投入实操技能的教学之中，导致学生的理论知识基础薄弱，不利于学生专业素养的提升以及未来的发展。产教融合重视理论与实践的充分结合，使企业成为育人的主体，能够大大增强学生的实践能力的培养效果，同时，强调学生专业理论知识的扎实掌握，也体现出对于学生专业素养全面发展的重视。因此，产教融合十分契合当代教育的发展，特别是技能型人才的培养需求。

我国传统的职业教育体系也十分重视学校与企业之间的合作，学校在人才培养的过程中会借助企业的力量，通过与企业签订相关的合作协议，为学生提供实践机会与实习场所。这种传统的校企合作方式与产教融合在培养理念与培养方式上具有一定的相似性，但仍存在着显著的区别。这种区别主要表现在校企合作的深度上。

传统的校企合作一般是校企双方在具体的人才培养环节上展开合作。比如，学生在实习期进入相应的企业生产部门展开实习，以锻炼和提升自身的实操能力。在多数情况下，学校与企业的合作仅仅停留在组织学生开展实习上，这种校企合作的方式只是一种层次较浅的合作。产教融合要求学校与企业之间形成全面的、良好的、稳定的、持久的、深层次的合作关系，通过产教深入融合，在提升人才培养效果的同时，提升学校的办学水平，并帮助企业实现更好的发展。产教融合理念下的校企合作是一个完整的校企协同育人系统，系统中的各要素之间联系紧密，形成利益共同体。系统的发展是各要素密切合作的成果，同时，系统的发展也能进一步促进各要素的发展。

产教融合对于学生、学校和企业三者的发展大有裨益，是一个多方共赢的机制。对于学生来说，产教融合可以帮助学生在学习理论知识的同时提升实践能力，实现更加全面的发展，也为以后的就业提供良好的保障。对于学校来说，产教融合创新了学校的教学模式，使学校将理论与实践充分结合，帮助学校提升人才培养的水平。对于企业来说，产教融合可以为企业提供专业对口且具备一定实践经验的高素质人才。企业与学校之间的深入合作，还能保证人才供应的持久，有利于企业的进一步发展。产教融合的教育体系中涉及大量的岗位实习与实践技能训练，而且不同于高校传统的实习模式，其经过校企双方的综合研究和专门设计，具有很强的针对性，使学生将在校所学的理论知识融会贯通，与实践操作同步开展，符合学生发展的需求以及社会对人才的需求。深度发展的产教融合不仅仅是学校与企业之间展开合作，有条件的学校甚至可以自己创办相关企业，以学校为主导，以学生为主体，将理论教学与实践训练充分结合，使生产活动与教育活动协同发展。企业能够为学校提供大量有针对性的实践岗位，还能为学校提供资金支持，学校则可以凭借自身的教育资源优势，为企业提供大量具备较高专业素质的人才。与此同时，学生也可以在实践过程中切身参与生产实践，工读结合，在提升自我、创造价值的同时获得报酬。

从区域发展的层面来看，产教融合还能促进地方经济的增长。产教融合与职业教育人才培养十分契合，而我国的职业院校一般是地方性的，办学的重要目的之一就是服务地方，为社会提供高素质人才，促进地方经济发展。我国的职业院校以就业为导向，培养技能型人才，这也正是产教融合发展的目标指向。

二、产教融合对于高校工匠精神培育的促进作用

（一）促进理论与实践相结合

产教融合作为一种教学模式，深度整合了学校教育和实际产业的资源，使得理论知识与实践技能的结合更为紧密，这对于学生工匠精神培育具有重要的促进作用。在产教融合模式下，教学内容与实际生产需求相结合，学生可以直接参与到生产实践中进行现场学习和实习。在这样的学习环境中，学生不仅能够熟练掌握专业技能，更能够在解决实际问题的过程中，深入理解和运用所学的理论知识。通过实践操作训练，学生的专业素质和实际应用能力得到提升。这对于培育学生的工匠精神，特别是培养学生精益求精、追求卓越的职业态度和对技术的尊重态度，具有深远的影响。

产教融合的教学模式还有利于培养学生的创新思维。在实践中，学生会遇到各种各样的问题和挑战，需要他们发挥创新思维，找到解决问题的新方法。这种思维方式对于工匠精神的培育具有重要作用，因为工匠精神不仅

仅是对技艺的精益求精，更包括对创新的追求。与此同时，产教融合的教学模式可以提供大量的实践机会，使学生有足够的时间和空间来探索、尝试和练习，进一步提升他们的技术熟练度和创新能力。在这个过程中，学生对于细节的追求、工作的投入、问题的思考，都能让他们深入体验和理解工匠精神，使得工匠精神真正成为他们工作和生活的一部分。

（二）增强高校教育的针对性和实效性

产教融合为高校教育赋予了更强的针对性和实效性，高校通过与企业深度合作，使得教学内容更加符合企业和行业发展的实际需求，也使得学生的学习不再局限于课本，而是能够更好地结合实际情况，了解和掌握实际工作中所需的知识和技能。在这样的环境下，学生的教育不再只是理论知识的学习，而是真正的技能训练和实践经验的积累，这种基于真实生产实践的具有较强针对性和实效性的教育方式有助于培育学生的工匠精神，因为工匠精神本质上就是对技艺的精益求精，对质量的坚持，对专业的执着，这些都需要在实际操作中体验和理解。

产教融合的模式不仅可以增强高校教育的针对性，同时能使教育结果更加符合市场需求，培养出的技术型人才能够真正满足企业的需求。在这样的教育模式下，学生不仅能够掌握所学专业的技能，还能够更好地理解工作环境，熟悉工作流程，提前适应工作节奏，这对于他们快速融入工作环境，更好地展现自己的工匠精神具有重要作用。此外，深入企业的实习经验也让学生有更多机会接触到那些拥有丰富经验和熟练技能的老工匠，这些老工匠的工作态度，对技艺的坚守，都是学生培育工匠精神的重要参照，是学生学习和传承工匠精神的重要途径。因此，产教融合无疑是培育工匠精神的重要推动力。[①]

---

① 梁丽华，郑芝玲，赵效萍. 新时代技术技能人才工匠精神培育研究 [M]. 杭州：浙江大学出版社，2021：153-157.

（三）提升高校教育的社会认同度和影响力

产教融合能够在很大程度上提升高校教育的社会认同度和影响力，进而提升人们对于工匠精神的认同度，为高校工匠精神培育创造良好的社会环境。

首先，由于产教融合模式的实施，高职教育的质量和适应性得到了显著提高，这使得越来越多的人开始认识和接受这种教育形式。对于学生和家长来说，他们看到了通过产教融合的高校教育可以获得实际的知识和技能，在职场上有更广阔的发展空间和机会。对于社会公众来说，他们看到了这种教育模式培养出来的技术人才正在各个领域发挥重要作用，推动着社会进步。

其次，产教融合还为工匠精神的传播和普及起到了积极的推动作用。高校与企业紧密合作，工匠精神得到了更为深入的挖掘和传承，更多的人通过高校教育了解到工匠精神内涵，特别是在实际的工作场景中，学生不仅学到了知识和技能，还深深地感受到了工匠精神所代表的专业精神和职业态度。他们在接受教育的过程中，无时无刻不在学习和模仿这种精神，从而使这种精神在更广大的社会范围内得到了传播和普及。由于这种教育模式培养出来的技术人才在社会各个领域都有出色的表现，他们的成功经验也为工匠精神的社会认同度和影响力进一步提升提供了有力的支持。因此，可以说，产教融合对于工匠精神培育的推动作用不仅表现在教育过程中，更体现在工匠精神对于社会文化环境的影响之中。[①]

三、产教融合促进高校工匠精神培育的路径探索

（一）加强实践教学，提升学生实际应用能力

高校培养应用型人才的关键是要注重实践教学，将课堂理论知识与实际操作结合起来，使学生综合运用所学知识解决实际问题。在实践教学中，高

---

① 邓艳君.高职思想政治教育滋养工匠精神研究[M].长沙：湖南大学出版社，2020：146-151.

校要以培养应用型人才为目标，就需要将理论知识和实际操作结合在一起。在这个过程中，产教融合模式为高校教育提供了强有力的支撑。首先，通过企业与高校的深度合作，学生可以获得更多的实践机会，比如，在企业实习过程中，学生可以将在课堂上学习的理论知识运用到实际工作中，加深理解，提高技能，这是理论与实践相结合的具体体现。其次，企业提供的实习岗位，也为学生提供了一个了解和接触实际工作环境的机会，使学生在实践中可以接触到各种真实的问题，并学习如何解决问题，培养实际应用能力。这种从实践中学习，从实践中提高的过程，使学生在实践中形成了一种钻研精神和自我学习能力，这对于他们将来独立解决问题，提高工作效率，担任更重要的职务有着非常重要的意义。

高校在培养学生实际应用能力方面，有一项非常重要的任务，就是发挥学生在教学实践中的主体作用，让学生成为自己知识的主人。这是一种非常重要的教育理念，也是实践教学的核心。这就要求高校在教学中，要鼓励学生自己动手、思考，在实践中摸索，发现问题，解决问题。这是一种自我驱动的学习过程，可以激发学生的学习积极性和创新精神，使他们在学习过程中不断挑战自己，超越自己。这种自我驱动的学习过程就是工匠精神的具体体现，这就是产教融合模式对于工匠精神培育所发挥的积极作用。在这个过程中，学生的实际应用能力得到了提升，工匠精神得到了培育和发展，这将对他们的未来职业生涯产生深远的影响。

（二）加强职业素养教育，提高学生职业修养

高校以培养高素质的人才为己任，而要实现这一目标，重要手段之一是强化职业素养教育，提高学生的职业修养。职业素养教育旨在培养学生良好的职业道德素养和职业操守，帮助学生形成正确的职业观念和行为习惯，提升学生的职业技能和职业素质。产教融合模式的推进，可以使高校与企业在学生职业素养培育方面发挥合力。

首先，企业可以根据自身的生产经营需要，提出对职业素养的具体要求。学校以此为依据，开设专门的职业素养教育课程，使教学内容与实际工

作要求紧密联系。这不仅可以帮助学生更好地理解和把握职业操守、职业规范和职业道德等方面的知识，也能引导学生从实际出发，深入了解和认识职业生活中的各种问题，从而提高自身的职业素养。

其次，学校应当为学生提供更多的实践机会，让学生在实践中进一步提升职业素养。这种实践既可以是在校内的实验实训，也可以是在企业的实习实训。无论哪种方式，都可以让学生有机会将课堂上学到的理论知识运用到实际操作中，更好地理解和掌握职业素养的重要性。同时，实践活动也可以培养学生的团队合作精神、创新精神和责任感，这些都是工匠精神的重要体现。在实践中，学生还可以直接接触到真实的工作环境，亲身体验职业生活，这对他们形成正确的职业观念和行为习惯，培养良好的职业道德和职业操守，有着重要的影响。可以说，产教融合模式的推进，对高校加强职业素养教育，提高学生职业修养，有着重要的推动作用。①

（三）建立导师制度，实现师生互动

在高校教育中，引入导师制度是培养高水平人才、传承工匠精神的有效途径。在教学实践中，高校通过深入推进校企合作，邀请企业中的专业人士担任学生的导师。这些专业人士具备丰富的行业经验和专业知识，不仅可以向学生传授知识和技能，而且能够将企业的技术发展趋势、市场需求、行业动态等最新信息传递给学生，使学生的学习更加贴近实际，更具针对性。同时，导师也可以为学生提供职业规划建议，帮助学生理解行业、职业，并根据自己的兴趣和特长做出明智的职业选择。导师的引导和帮助可以使学生更好地理解工匠精神，对工匠精神产生更深层次的认识，并进一步实现工匠精神的内化，从而在实际操作中发扬工匠精神。

建立导师制度可以实现师生间的深度互动，形成良好的师生关系。导师以一种更接近同伴的角色出现在学生的学习和成长过程中，可以为学生提供个性化的指导和帮助，理解学生的需要和困惑，提供相应的支持和解决方

---

① 邓艳君.高职思想政治教育滋养工匠精神研究[M].长沙：湖南大学出版社，2020：151-155.

案。这种互动不仅可以提高学生的学习效果，还可以激发学生的学习热情，使学生更愿意主动学习，主动追求卓越。与此同时，通过师生间的深度交流，导师也可以更好地理解学生的需求和期望，为学生的学习和成长提供更为精准的指导。可以说，建立导师制度是实现产教融合，培养工匠精神的有效方式。

第二节　网络信息技术赋能工匠精神培育

一、网络信息技术在工匠精神培育中的意义

（一）拓宽学习途径和资源

网络信息技术的广泛应用，为工匠精神的培育开辟了新的路径。网络信息技术打破了时间和空间的限制，为人们提供了广阔的学习空间。无论在何时何地，人们都可以通过互联网获取相关的专业知识和技术信息，这大大方便了人们的学习和交流。同时，网络信息技术也提供了丰富的学习资源，如在线教程、专业论坛、实践案例等，这些资源不仅可以帮助人们提升专业技能，还可以激发人们的创新思维和工匠精神。例如，某位木工师傅可以通过网络观看到世界各地优秀工匠的技艺展示，从而汲取灵感，提升自身技艺水平。

在网络信息技术的影响下，学习和交流的方式也发生了深刻的变化。以往人们获取专业知识和技术主要依赖于面对面的教学和交流，这种方式虽然直观有效，但受到时间和空间的限制，交流范围相对较小。现在人们可以通过网络平台进行实时交流和分享，这不仅可以促进知识和技术的传播，还可以引发更广泛的讨论和思考，对于人们提升技艺水平和培育工匠精神具有重要意义。例如，一位陶艺师可以在网络上分享自己的作品和创作过程，这样不仅可以得到来自全世界的反馈和建议，还可以吸引更多的人对陶艺产生兴趣，从而传承和发扬工匠精神。

（二）推动技术创新和进步

网络信息技术的应用在促进技术创新和进步方面起到了重要作用。传统的创新模式常常在一定程度上受限于地域和资源，网络信息技术则打破了这种局限，使创新的门槛降低，更为开放和便捷。工匠可以通过网络平台与各地的同行进行交流和合作，分享各自的创新成果和实践经验，这种互学互鉴的过程大大提高了创新的效率，推动了技术的更新和进步。在这个过程中，工匠精神得到了进一步的发扬。例如，一位在网络上看到创新设计的匠人，可以从中获得灵感，将新的设计理念融入自己的工作中，这样不仅提高了工作效率，也在一定程度上推动了行业的技术进步。

网络信息技术还推动了新型创新模式的发展，新模式能够通过网络平台汇聚大量的创新资源和创新者，极大地提高了创新的效率和水平。在网络技术推动工匠精神培育的环境中，工匠可以与来自不同领域的创新者进行合作，共同解决问题，推动技术的进步和发展。这种跨界的合作和创新不仅拓宽了工匠的视野，也为他们提供了创新思路和创新方法。例如，一位专注于家具设计的匠人，可以通过网络平台与专业的材料科学家、设计师等进行交流和合作，共同研发新的材料和设计方案，推动家具设计领域的技术创新和进步，在这个过程中工匠精神得到了新的诠释和体现。

（三）提升工匠精神的社会影响力

网络信息技术的广泛使用为工匠精神在社会中的传播提供了前所未有的便利。工匠可以通过各种网络平台，如社交媒体、博客、专业论坛等，向社会展示他们的技艺、分享他们的创新成果和实践经验。在网络上，工匠的每一个故事和成果都有可能触动千万人，激发更多人对工匠精神的认同和追求，这不仅提升了工匠精神的社会影响力，也提高了社会对工匠的尊重和认可度。例如，一位通过自己的技艺和创新为社会解决问题的匠人，他的故事可以在网络上迅速传播，促使更多人关注和认同工匠精神，提升工匠精神在社会中的地位。

网络信息技术还为工匠精神的传承和发展开辟了新的路径。以往工匠精神的传承多依赖于师徒制和口耳相传，依赖于具体生产实践中的积累与磨炼，工匠精神在社会更广领域的传播路径较为有限，网络信息技术的发展则为工匠精神的传播提供了更加便捷和有效的方式。工匠可以通过在线教学、录制视频教程等方式，向更广大的群体传授技艺，传承工匠精神。这种方式不受地域和时间的限制，让更多的人有机会接触和学习工匠精神。例如，一位瓷器工艺师可以通过开设网络课程，向全世界的人教授瓷器制作的技艺，传承和弘扬工匠精神。这样工匠精神就可以在网络的世界中迅速传播，触动更多的人，激发更多的创新和进步。

二、网络信息技术赋能工匠精神培育的策略

（一）创设在线学习平台

在线学习平台不仅仅是提供教学资源的仓库，更打造了一个全方位、立体化的学习空间，使得人们在任何时间、任何地点都能够享受到高质量的学习资源和服务。网络信息技术赋能工匠精神培育的核心策略之一，就是通过在线学习平台，让更多的人接触和学习工匠精神和技艺。

在线学习平台的核心功能是提供丰富的教学资源，这些资源可以涵盖工艺技能的各个方面，包括理论知识、实践技巧、创新方法等。平台上可以有由经验丰富的工匠或专业教师录制的视频教程，他们将复杂的技艺一步步解析，让学习者在家中就可以学习和模仿。同时，平台也可以提供在线讲座、直播课程等形式的互动学习机会，学习者可以实时向专家提问，及时获得反馈，提高学习的实效性和趣味性。在线学习平台还能够打破地理和时间的限制，让更多的人有机会学习和了解工匠精神。在传统的教育环境中，由于地域和时间的限制，一些人无法接触和学习工匠精神和技艺。但在网络信息技术的赋能下，无论是身处偏远地区的学习者，还是因工作和生活压力无法抽出固定时间学习的人们，都可以通过在线学习平台，在合适的时间、合适的地点，享受到高质量的学习资源和服务。这无疑扩大了工匠精神和技艺的传播范围，提升了工匠精神的影响力。

　　对于高校来说，建设一个成功的在线学习平台，不仅需要丰富的教学资源，更需要精心设计的学习路径和引导机制，以便学生能够依照自己的学习节奏和兴趣，高效完成学习任务，真正吸收和掌握工匠精神和技艺。因此，高校需要在拓宽教育资源开发路径的同时，在平台设计中充分考虑到学生的个体差异和需求，提供灵活多样的学习方式和评价方式，使每一名学生都能找到属于自己的学习方式。

（二）开展线上线下结合的实训活动

　　开展线上线下结合的实训活动是网络信息技术赋能工匠精神培育的有效策略之一。线上教学可以充分发挥教育资源丰富与教学互动性强的特点，提供多样的理论知识和技能训练，学习者可以通过观看视频教程、参加在线讲座等方式，学习最新的技术理论、操作技巧和创新思维。这些网络学习资源可以为学习者提供强大的支持，帮助学习者更好地理解和掌握工匠精神，线上学习还可以打破地理限制，让所有人都有机会接触到最前沿的知识和信息。

　　当然，工匠精神并不仅仅是理论知识和技能的学习，更重要的是实践和体验。因此，高校还需要开展线下的实训活动，让学生有机会亲自参与到生产实践之中进行实际操作训练，体验从理论到实践的过程。通过实训活动，学生可以直观地掌握技艺，更深入地体验工匠精神，不断深化对于所学理论的理解。实践活动应该设计得丰富多样，包括模拟实践、实地考察、企业实习等，以满足不同学生的需求。

　　在高校学生工匠精神培育实践中，线上学习和线下实训并非孤立存在的，而是相互促进、相互补充的。在线学习可以提供理论知识和基础技能，使得学生在进行线下实训时，可以有充分的理论基础和技术准备，而线下实训则可以为学生提供实践机会，使得学生可以将线上学习的理论知识和技能应用到实际中，通过实践加深理解，提高技能水平。因此，线上线下结合的实训活动是一种有效的学习方式，可以有效提高学习效果，促进学生工匠精神的培育。

（三）利用大数据和人工智能进行个性化教学

当今时代，大数据和人工智能技术已经在教育领域得到了广泛运用，而个性化教学正是其展现巨大潜力的一个重要方面，两者具有较好的适配性。个性化教学要求对每一名学习者的学习进度、技能掌握情况以及学习需求有一个清晰的认识，这就需要大数据的强大分析能力。通过收集和分析学习者在学习过程中的各种数据，如学习时间、学习进度、答题正确率、答题时间等，人们可以了解到学习者的学习状态和学习需求，从而提供符合个人需要的个性化学习资源和教学方案。当然仅仅有大数据是不够的，大数据的作用是将教育的各个因素精细化，实现个性化教学，切实提升人才培养质量还需要人工智能的强大计算能力和智能决策能力。人工智能可以通过机器学习、深度学习等算法，对大数据进行智能分析和预测，进而为每一名学习者生成适合其个性化学习的路径和策略。这样不仅可以提高学习的效率，使学习者能够在有限的时间内学到更多的知识和技能，而且可以提高学习的效果，使学习者能够更深入地理解和掌握知识和技能。这对于培育工匠精神尤为重要，因为工匠精神要求高度的专业技能和深度的专业理解，而这正是基于大数据与人工智能技术的个性化教学能够提供的。

第三节　工匠精神培育与高校思政教育融合发展

一、工匠精神培育与高校思政教育融合发展的理论基础

（一）高校思政教育的内涵与作用

1.高校思政教育的内涵

思政教育是高校教育的重要组成部分，是对学生进行思想道德教育和公民道德教育的重要环节。这种教育模式的目标是使学生形成正确的世界观、人生观和价值观，用社会主义核心价值观指导学生正确构建自身的思想道德

体系，为学生的个人发展和国家的未来发展做出积极的贡献。

思政教育是社会或社会群体用一定的思想完善思想观念、政治观点、道德规范，对社会成员施加有目的、有计划、有组织的影响，使社会成员形成符合一定社会所要求的思想品德的社会实践活动。具体到高校教学中，思政教育指的则是通过一系列的课程和活动，使学生深入理解社会主义核心价值观，并自觉运用社会主义核心价值观指导自身思想道德体系的构建以及行为模式的选择，进而形成正确的思想观念和行为习惯。高校思政教育的开展形式多种多样，不仅包括传统的课堂教学，还包括课外活动、社会实践、专题讲座等多种形式。在中国特色社会主义建设的新时代，思政教育的核心目标是培养学生的社会主义核心价值观，在习近平新时代中国特色社会主义思想的指导下，帮助学生形成正确的世界观、人生观和价值观。科学的指导思想与正确的世界观、人生观、价值观是学生在学习、生活中的指导原则，也是学生做出正确决策的基础。同时，这些也是学生学习、生活态度和行为方式的基础，能够指导学生更好地开展实践。

高职院校思政教育是高校思政教育的重要组成部分。高职院校重视对学生实践技能的培养与职业素养的培育，这既是高职教育的重要育人目标，也是高职教育的核心特征之一。因此，高职教育的各个教育环节与教育内容都应服务于这一目标，体现实践性强的特征，与学生的职业发展密切联系。高职思政教育作为高职教育体系中重要的组成部分，自然也不例外。高职院校的思政教育与学生职业素养的培育是密不可分的。思政教育不仅仅是对学生进行政治理论的灌输，更是要结合职业教育的特点，培养学生的职业道德和职业素养。在职业教育中，高职院校不仅要教会学生专业知识和技能，还要教育学生遵守职业道德，对工作负责，为社会做贡献。在这个过程中，思政教育就显得尤为重要。通过思政教育，高职院校可以引导学生树立正确的世界观、人生观和价值观，形成良好的职业道德。职业素养的培育同样需要思政教育的支持。

2. 高校思政教育的作用

（1）促使学生树立坚定的理想信念。理想信念作为思想政治素质的核心要素，既是一个政党治国理政的标志，也是引导一个民族奋勇前进的灯塔，同时更是大学生自我提升的动力源泉。在大学阶段，提高大学生的思想政治素质显得至关重要，理想信念正是这种素质的基本支柱和精神支点。因此，对大学生进行理想信念教育不仅关系到国家的稳定和繁荣，还关系到整个中华民族的未来命运。唯有确保大学生树立起坚定的理想信念，才能引导他们形成正确的世界观、人生观和价值观，进而培养出具备优良思想政治素质的人才。对于大学生来说，他们正处于世界观、人生观、价值观成熟完善的时期，树立正确的理想信念对他们的健康成长具有重大意义。高校在思政教育中，按照社会主义核心价值观与立德树人的要求培养学生坚定的理想信念，能够帮助学生确立正确的世界观、人生观和价值观，为他们今后的发展奠定坚实的基础。

（2）促进学生身心健康发展。思政教育对于学生身心健康发展的影响可以从智育、德育与美育等方向来分析。从高校思政的智育性质来看，高校思政教育重视智育与身心健康之间的联系，将学生身心健康发展作为培养和提升学生智力的重要因素。良好思维能力的基础是健康的身心状态，大学各个阶段的身心健康教育都将训练学生的思维、提升学生的智力水平视作重要任务。可以说，对于学生思维能力的培养和训练不仅仅是智育的核心内容，也是促进学生身心健康发展的重要目标。从高校思政的德育性质来看，高校思政教育是德育重要的手段之一，其目标是立德树人。只有符合立德树人与社会主义核心价值观要求的学生，才能算作真正具备健康的身心状态。从高校思政的美育性质来看，美育是素质教育的重要内容之一，是德、智、体、美、劳"五育并举"的重要组成部分，是个体实现身心健康发展的重要途径。身心的协调统一与和谐发展是个体实现发展的基础，符合美的标准，同时是心理健康教育的终极目标。因此，具有美育价值的高校思政教育同样具有巨大的心理健康教育价值。

（3）全面提升大学生综合素质。要促进大学生全面发展，就要不断提升思政教育的水平，不断加强对大学生进行社会主义民主法治教育，强化对大学生人文素养和科学精神的培养，以及培育大学生的集体主义和团结合作精神。这样可以协调推动大学生思想道德素质、科学文化素质和健康素质的共同进步，引导大学生在掌握科学文化知识的过程中，提高自己的思想政治修养，实现知行合一，德才并进，和谐成长。

（二）工匠精神培育与思政教育融合发展的可行性

1. 工匠精神培育符合思政教育中的敬业精神教学内容

工匠精神培育与思政教育中的敬业精神教学内容有着高度的契合性，二者都以塑造高素质的人才和传承社会主义核心价值观为目标。工匠精神核心在于专注和敬业，追求技艺精益求精，这一精神恰恰与思政教育中弘扬的敬业精神不谋而合。培育工匠精神可以使学生深化对社会主义核心价值观的理解和领悟，特别是使学生在敬业精神的内涵上有更深刻的认识。

敬业精神是思政教育中的重要教学内容，是社会主义核心价值观的重要组成部分，是塑造一个人职业道德和社会责任感的关键因素。工匠精神的核心精神也是敬业，追求技艺的精益求精；执着于一个行业；耐心地学习和探索；一丝不苟地对待每一件作品，这种精神对于学生的职业道德和社会责任感的塑造起到了积极的推动作用。同时，工匠精神的培育还强调实践和创新，要求学生在实践中学习，不断提高技术水平和创新能力，这种培育方式符合思政教育的教学理念，强调理论与实践的结合，知识与能力的统一。因此，工匠精神的培育在很大程度上符合思政教育中的敬业精神教学内容。思政教育的目标是培育具有社会主义核心价值观的人才，而工匠精神的培育恰恰也是为了培养具有良好职业道德和社会责任感的人才，二者在目标上高度一致。从这一点来看，工匠精神的培育不仅可以作为思政教育的重要内容，还可以作为实现思政教育目标的重要手段。可以说，工匠精神的培育是思政教育的具体实践和深化，是将社会主义核心价值观具体化、生动化的重要方式。工匠精神的培育，可以使学生深刻理解和体验社会主义核心价值观，从而更好地接受和认同这些价值观。①

---

① 邓艳君.高职思想政治教育滋养工匠精神研究 [M].长沙：湖南大学出版社，2020：63-67.

2. 工匠精神培育是思政教育活动开展的重要责任

思政教育活动开展的重要责任便是培养学生良好的职业精神，而工匠精神培育的核心内容与思想信念也以职业精神为主，所以思政教育活动的开展是具有工匠精神的培育责任及义务的。同时，工匠精神的培育最佳时期就是在学生入学的初期阶段，而思政教育课程的开展也在此阶段，主要以公共必修课的方式进行授课，二者都需要在学生入学的初期阶段抓住教育机遇，以期在学生刚入学时便培养其形成正确的世界观、人生观、价值观，思想道德品质和良好的爱岗敬业的职业精神。

由于思政教育活动的目标是深化学生对党的发展历程、基本路线、基本理论和基本纲领要求的认识与理解，帮助学生建立社会主义文化自信，提升学生解决问题和创新的能力，因此，将工匠精神的培育融入思政教育活动中，是推进思政教育目标实现的重要方式。在思政教育活动中，工匠精神的培育不仅可以提高学生的职业素养，培养学生的创新精神和实践能力，还可以帮助学生深化对社会主义核心价值观的理解，形成良好的职业精神和职业道德。工匠精神的培育是一种具有实践性和创新性的教育方式，可以使思政教育活动更加生动和实效，更能引起学生的学习兴趣和参与热情。同时，工匠精神的培育还可以培养学生的实践能力和创新精神，提高学生的职业技能，有助于学生的全面发展。将工匠精神的培育融入思政教育活动中，还可以更好地实现教育的社会功能，为社会提供更多具有良好职业精神和高尚职业道德的专业人才。在当前的社会环境下，社会对高素质专业人才的需求日益增加，特别是那些既具有专业技术能力，又具有良好职业精神和职业道德的人才。因此，将工匠精神的培育融入思政教育活动中，对于满足社会需求，推动社会进步，实现社会主义现代化建设目标具有重要的现实意义。[①]

---

① 邓艳君. 高职思想政治教育滋养工匠精神研究 [M]. 长沙：湖南大学出版社，2020：71–72.

二、工匠精神培育与高校思政教育融合发展的实践路径

（一）以工匠精神为核心形成学生道德培养特色

以工匠精神为核心，形成高校工匠教育的特色，需要将教育融入每一门课程、每一个教学环节中。主干课程应当注重工匠精神的理论讲解和实践操作的结合。在理论讲解中，思政教师需要将工匠精神分解为具体可执行的模块，如精益求精、敬业奉献、艰苦创新等，通过专题和项目教学的方式将这些理念融入每一个课堂环节中。在讲解过程中，师生还可以一起研讨工匠精神对自己专业领域的实际作用，教师可以引导学生将理论知识和实践操作有机结合，提升专业技能。思政教师也可以运用案例教学法，向学生介绍一些成功的工匠人物，通过生动的事例来提高学生对工匠精神的感性认识，激发学生的职业热情。此外，高校也可以组织一些专业比赛，鼓励学生参与，通过比赛让学生在实践中体验到专业技能的提升，感受到专业技能对于自我发展和社会建设的重要性，从而进一步促进学生对于专业的热爱和对于工匠精神的理解和认同。

在选修课程的开设上，学校还可以引入一些和工匠精神相关的课程，如"工匠精神与职业生涯规划""中国传统工艺与工匠精神"等课程。这些课程可以让学生从更广阔的角度了解和认识工匠精神，提高对于工匠精神的认同感，增强职业自尊感和职业自信感。同时，这样也可以让学生了解到，只有具备工匠精神，才能在自己的专业领域中脱颖而出，实现个人价值。

（二）以工匠精神为主题构建高校思想政治理论课教学新模式

培养学生的工匠精神，除了在高校开设特色工匠课堂外，还应充分利用思想政治课的实践教学。以工匠精神为主题，构建高校思想政治理论课教学新模式，需要对现有的教学模式进行反思。在现行的高校教育体系中，虽然设有思想政治课程，但是部分学校仍然沿用传统的课堂讲授方法，实践性教学的部分往往被忽视。为了解决这个问题，高校应当重新调整课程的重心，确保实践教学在课程中占据足够的份额。这就需要高校相关部门高度重视这

个问题，从校级层面提高实践教学的地位，同时，学校也需要在经济上对实践性教学进行支持。

要将工匠精神引入思想政治理论课中，高校还可以通过校企合作充分调动各人才培养主体的教育资源。高校通过与当地知名企业建立合作关系，让学生走出课堂，直接走进企业和工厂，在实地参观和学习中理解和体验工匠精神在实际工作中的应用。通过参观企业，学生可以直观地了解到工匠的成果，引发对优秀产品的自豪感，从而激发对工匠精神的认同和追求。此外，高校也可以定期邀请各行业的优秀工匠进入课堂，分享奋斗故事，使学生更深入地理解工匠精神，更好地将这种精神内化为自身前进的动力。思想政治理论课的教学要着力营造一个活动性和实践性都较强的学习环境。一方面，要开展形式多样的课外活动，让学生在实践中提升专业技能和综合素质；另一方面，要通过深入实际、亲身体验，让学生了解和感受工匠精神，把工匠精神转化为职业生涯的指导思想。在课程设计上，可以增设以工匠精神为主题的实践课程，将理论学习和实践活动有机结合，让学生在实践中理解和掌握工匠精神。

（三）健全和完善工匠精神培育文化体系

在高校教育中更好地实现工匠精神培育与思政教育的融合发展，需要充分发挥文化育人的作用，以多元主体协同育人为基础，深化校企合作，构建校园、企业以及匠心文化"三位一体"的文化体系，为工匠精神内容的融入奠定基础。具体到教学实践之中，育人主体可以从以下几点来实施：一是高校在思想政治课教学中要逐步适时适当加大对工匠精神企业文化的宣传和渗透力度，让大学生了解工匠精神的来源，认识到工匠精神的应用价值，帮助学生认识到工匠精神是符合现代化企业生产与运营的一项核心精神理念，也是未来步入社会工作岗位需要具备的一项专业精神理念。二是高校要借助先进的教学技术，充分利用线上线下学习和宣传平台，全力推广和宣传关于工匠精神的内容，让学生随时随地都可以学习工匠精神，认识到培养工匠精神的必要性和重要性。三是高校思想政治课教师要不断深化自身对于工匠精神的理解，同时在日常的教学中加强对于工匠精神的宣传与弘扬，在日常课程教学中灵活运用案例教学法，多列举一些具备工匠精神和匠心品质的人物事迹，充分发挥主观能动性，实现思政教育与工匠精神的良好融合，让大学生感受到什么是大国工匠的风范。高校思想政治课教师要加强关于工匠精神的引领和渗透，让学生全方位学习和了解到工匠精神的相关内容。

（四）以课程思政建设助推工匠精神培育

1. 整合课程内容，融入思政元素

在专业课程设置中，高校可以选择一些与工匠精神、家国情怀、社会责任等相关的经典案例或历史事件，将其融入教学内容中。让专业课程不再仅仅局限于技术和方法的传授，而是融入了更深层次的文化内涵和人文关怀。以机械制造或建筑学为例，当学生了解到古代工匠是如何在技术相对落后的情况下，依然能够建造出令后人叹为观止的长城和故宫时，他们不仅会对这些工匠的技艺表示由衷的敬意，更会为工匠的职业态度和敬业精神所感动。这种匠心和敬业精神正是现代高校教育希望培养出的学生所具备的品质。当这些历史故事和现代的教学内容相结合时，它们就不再是简单的知识点，而是成为激发学生热情、引导学生进行深入思考和自我反思的教育资源。这种教学方法不仅可以提高学生的学习兴趣，还能够帮助他们更好地理解和践行工匠精神，在未来的职业生涯中更好地服务社会，回馈家国。

2. 强化实践教学，培养学生匠心

强化实践教学为学生提供了一个锻炼专业技能的绝佳平台，更为学生培育匠心精神提供了重要机遇。实践中，每一个步骤、每一个动作，甚至每一个思考的过程都将对学生产生深远的影响。鼓励学生注重细节不仅仅是为了完成任务，更是希望他们能够在每次实践中都能体验到追求卓越的满足感。这种满足感不是来自他人的赞赏，而是来自自己内心深处对工作的尊重和热爱。通过设置具有挑战性的任务，不仅能够锻炼学生的专业技能，更重要的是能够激发他们的创新精神和求知欲望。

将课程思政与实践教学充分结合，使得完成实践任务的过程不仅是学生对于技能的磨炼，更是学生对于匠心精神的体悟和实践。每当学生遇到困难时，教师都应该鼓励他们反思自己的工作，寻找问题的根本原因，并努力去解决。这样学生不仅能够提高技艺，更能在反思中不断成长，真正做到心中有匠、行中见匠，用工匠精神感受每一次实践的价值，不断追求卓越。

3. 强化思政课程与专业课程的交互性

强化思政课程与专业课程的交互性，能够使学生更为全面地理解专业知识与思政知识之间的关联。选择与专业相关的社会热点问题在思政课堂上进行探讨，有助于激发学生的学习兴趣，使他们更为主动地参与到课堂讨论中。例如，在建筑学课堂上，可以讨论城市化进程中的居民迁移问题，结合思政知识，让学生从社会、历史、文化等多个角度进行分析。这不仅能够帮助学生更好地理解城市化进程的复杂性，还能使他们意识到作为未来的建筑师所应承担的社会责任。

此外，结合思政知识，让学生从专业角度出发进行深入分析，也有助于培养学生的批判性思维和独立思考能力。课程思政不仅可以增强学生对工匠精神的理解和体悟，还能使学生意识到，工匠精神不仅仅是对专业技能的追求，更是对社会责任和家国情怀的坚守。通过这种交互性的教学方式，学生能够更为全面地理解和掌握专业知识，同时能够更好地培养和提升自身的思想道德认知水平和社会责任感。

第九章 工匠精神在社会实践中的应用

第一节 工匠精神在社会实践中的表现

一、工匠精神在产品设计和制造中的表现

在社会实践中，工匠精神体现最直观、最明显的领域之一就是产品设计与制造领域。在工业设计中，工匠精神使设计师关注到细节方面，为用户提供最贴心的设计。比如，一些公司之所以能够在市场竞争中占据主动地位，就是因为其一直对产品的设计有着苛刻的要求，多年来坚持将工匠精神融入每一个产品的设计和制造中。从外形设计到内部结构，每一个环节都要真正符合公司对品质的要求和对用户体验的承诺，以期提高用户对产品的信任度和对品牌的忠诚度。

工匠精神在产品设计中表现在细节关注、创新思维和用户导向上。设计师在设计过程中，要求每一个细节都要精益求精。无论是外观的流线设计，还是内部结构的合理布局，都要求设计师有极高的专业素养和执着的追求。以与我们生活联系非常密切的手机为例，对于绝大多数手机生产厂商来说，其在手机的设计、生产与服务过程中都遵循着"细节决定成败"的理念，特别是在设计与生产环节更是如此。在产品设计环节，公司力求通过精致的设计、创新的理念和顺畅的操作提供更好的用户体验。而工匠精神在产品制造

中的应用还体现在对品质的严格把控，以及对持久耐用的追求上。在制造过程中，生产部门更是以严格的标准来执行每一个工艺步骤，对每一个环节都严格把控，只为制造出优质、耐用的产品。再比如，手表的生产制作过程也是工匠精神指导实践的典型代表，手表工匠以精确、耐用和艺术性为制表标准，运用高超的技艺打造出一款款兼具实用性与审美性的手表，在这一生产过程中，凝聚着生产者精湛的技艺、满腔的热情、创新的理念，以及一丝不苟的严谨态度。

随着消费者对产品品质的要求越来越高，工匠精神在产品设计和制造中的重要性也日益展现。对于企业而言，把握工匠精神就是把握了消费者的心，也是把握了市场的未来。在未来的发展中，工匠精神将会对产品设计和制造产生更深远的影响，也会引领企业走向更高的发展水平。

二、工匠精神在文化和艺术活动中的表现

工匠精神不仅表现在产品设计和制造中，还对于文化和艺术活动的产生与发展具有巨大的推动作用。在中国传统文化的工艺美术作品中，工匠精神的表现是非常明显的。例如，中国的陶瓷艺术，无论是精美的瓷器，还是实用的日常用品，其背后都离不开工匠的精心制作和创新设计。工匠承载着世代传承的技艺，将心血与情感融入每一件作品中，以严谨的工艺和对美的追求，展现工匠精神的本质。同样，在其他的传统工艺，如刺绣、剪纸、篆刻等领域中，工匠凭借敏锐的观察力、巧妙的手法、精巧的设计，不断创新，使得传统的艺术形式焕发出新的生机。工匠精神在当代艺术中也表现出独特的价值。艺术家在创作过程中力求完美，对细节执着追求，处处都体现着工匠精神。艺术家倾注全部的热情和专业素养，对作品有着近乎苛刻的要求，在艺术上达到了较高水平。例如，在油画、雕塑等艺术创作中，艺术家不仅在技艺上追求精湛，更在内涵、形式、意境等方面进行深度挖掘和探索，以实现艺术的价值和社会的责任。在相对机械化的艺术制造生产流程中，越来越多的艺术品制作者正在重新发现工匠精神的重要性和价值，不断创新自己的手工艺术。

工匠精神在文化和艺术活动中表现为对艺术创作的精益求精和对传统文化的深度挖掘与传承。这是一种执着追求，一种不断磨炼技艺、探索创新、求真务实的精神，是一种深入骨髓的专业素养和职业道德。

三、工匠精神在服务行业中的表现

工匠精神在服务行业中同样有着广泛的表现，表现为对服务质量和服务体验的极度追求。服务行业最核心的是人与人之间的交互，工匠精神表现在对每一个细节的把握和关注上。例如，在餐饮业中，优秀的厨师就像一位工匠，对于食材的选择极为讲究，对于烹饪手法有着深入的理解，对于食物的味道和摆盘方式也有着独到的见解。对于每一个环节的把控都体现出厨师对于美食的热爱和追求，同时让客人能够享受到精心制作的菜品，这种对于工作的专注和执着正是工匠精神的体现。同样，这种追求细节的工匠精神也体现在酒店业中，无论是服务人员对客人的微笑，还是客房内的布置，甚至每一次服务的流程，都会让客人感受到这种专业和对服务的执着，给客人带来极致的体验。

工匠精神在服务行业中还表现为从业人员对于技能和知识的深度学习和实践。服务行业涉及的领域非常广，每一个领域都有其特殊性，服务人员需要具备专业的技能和知识才能提供优质的服务。例如，在印刷业中，优秀的设计师和工人需要掌握较高水平的设计和印刷技术，对于颜色、字体、版式等各方面要有深入的理解和熟练的操作，才能使印刷品精美且符合客户的需求。在这个过程中，他们不断学习和实践，提升技能和知识水平，这种对于工作的热爱和专注也体现出了工匠精神。同时，这种对于技能和知识的深度学习和实践，也使他们能够迅速解决在工作中遇到的问题，提高服务效率和质量，满足客户需求。

第二节 工匠精神在企业管理中的应用

一、提升产品产出质量

工匠精神在企业管理中最显著的应用就体现在对产品质量的不懈追求上，这种对卓越的执着追求和敬业精神是提升企业竞争力的基础和保障。一款优秀的产品不仅代表着企业的形象和口碑，也是企业价值的具体体现。借助工匠精神的引领，企业在产品设计、研发、生产等各个环节都严格要求，努力追求每一环节的完美。比如，在产品研发环节，企业要充分挖掘用户需求，设计出符合用户期待的产品；在产品生产环节，企业需严格把控工艺流程，确保产品的每一个细节都精益求精，都符合高标准的质量要求。只有如此，产品才能达到零缺陷，才能真正实现产值和质量的双重提升。

工匠精神强调的是对每一个细节的极致追求，这使得企业在生产过程中不断进行自我反思和优化。无论是改进生产工艺，提高生产效率，还是完善产品设计，提升用户体验，工匠精神都可以在其中起到推动和引领的作用。此外，工匠精神也能够激发员工的职业热情，使员工在工作中找到乐趣和价值感。工匠精神中蕴含的坚毅、耐心、细致等品质不仅能够激励员工追求卓越，更能够使员工对工作持有热爱和敬畏之心，这无疑将有助于提高员工的工作积极性，进而提升整体的生产质量和效率。总的来说，工匠精神的实践将有助于提升产品的产出质量，打造出让用户满意、让市场认可、让企业自豪的优质产品。

二、提高员工工作素质

工匠精神在企业管理中第二个应用是提升员工的工作素质，以坚毅、专注和细致为核心，强调的是对工作的热爱和专注，对技能的精炼和提升，对结果的追求和责任。工匠精神鼓励员工不断提升自我，不断追求高质量的工作成果。这样的精神激励着员工在每一项工作中都保持对质量的高要求，无论是产品设计、生产，还是销售和服务，都要做到精益求精，不断追求卓越。企业可以通过各种培训和激励措施，如职业技能培训、技术研讨会、优秀员工表彰等方式，将工匠精神落实到每一名员工的工作实践中，激发员工的工作热情和职业荣誉感，从而提高员工整体工作素质。

工匠精神的推广和实践，对于提升员工的工作素质，建设和谐的企业文化，提高企业的整体竞争力具有积极的影响。员工将工匠精神进行内化之后，会更加重视工作的质量，更愿意在工作中进行创新和提升，这无疑有助于提高企业的创新力和竞争力。同时，工匠精神也有助于培养员工的责任心和敬业精神，使员工更加尽职尽责，以优异的工作表现回馈企业，提升企业的品牌影响力和社会责任感。如果每一名员工都拥有工匠精神，都将工匠精神视为一种职业荣誉和职业追求，企业就会形成积极向上、团结协作的良好氛围，从而提升整个组织的价值。总的来说，工匠精神在企业管理中，是提升员工工作素质，提高企业竞争力的重要手段。

三、促进企业文化建设

工匠精神在企业管理中第三个应用是促进企业文化建设。"工匠精神"一词，充分体现了对工作的尊重、对技能的热爱和对质量的执着追求。这一精神让企业员工在日常工作中提升自我，创新研究，形成以"严谨、诚实、务实、创新"为主导的企业价值观。这样的价值观无疑对企业的内部管理和外部形象都产生了深远影响。企业可以通过培训、座谈、分享会等方式深入挖掘和传播工匠精神，激励员工以此为动力，共同构建积极向上、团结协作的企业文化，促进企业的长远发展。

在企业的发展过程中，工匠精神在培育企业文化、提升企业品牌形象方面的作用不可忽视。企业文化是企业的灵魂，工匠精神能够让这种灵魂更加鲜明和独特。员工在接受工匠精神的熏陶后，会更加重视工作的细节，更加注重产品的品质，形成严谨务实、追求卓越的工作风格。这样的工作风格既能提升员工的职业素养，也能提升企业的产品品质和服务水平，增强企业的竞争力。同时，工匠精神的传播和实践也有助于形成良好的企业形象，有助于企业在社会上建立良好的口碑，吸引优秀的人才，取得更大的市场份额。总的来说，工匠精神对于促进企业的文化建设，提升企业的社会效益，具有重要的影响。

第三节　工匠精神在社区建设中的应用

一、提升公共设施质量

在社区建设中，工匠精神对于提升公共设施的质量具有深远意义。公园、儿童游乐设施、社区中心等公共设施建设是社区居民日常生活的重要组成部分，直接关系到居民的生活质量和幸福感。如果这些设施的质量能够得到保证，就可以为社区居民提供一个良好的生活环境，进而提升社区的整体建设质量。

采用工匠精神来建设社区的公共设施，就意味着在设施的设计、施工、维护等环节中要注重每一个细节，持之以恒地追求完美。例如，在公园的设计中，运用工匠精神就是要考虑到公园的美观、功能性以及环保等多个方面，力求在设计中体现人与自然的和谐，同时满足居民的各种需求。又如，在儿童游乐设施的建设中，工匠精神体现在对设施的安全性、趣味性等方面的考虑上，从而让孩子们能够在安全的环境中玩耍，得到身心的锻炼。再如，社区中心是社区活动的主要场所，工匠精神在这里的应用就是要打造出一个既能满足居民日常生活需求，又能举办各类社区活动的多功能空间。在这些公共设施的建设过程中，工匠精神还表现在对工人的尊重和培养上。通过提供良好的工作环境，提高工人的技能和素质，让他们能够在工作中发挥出最大的能力，为社区建造出更多的高质量公共设施。同时，对工人的尊重和培养也是工匠精神对劳动的尊重，对人的尊重，这无疑会对社区的和谐稳定发展产生积极的影响。

二、提升社区服务水平

在现代社区服务中，工匠精神已经变得越来越重要。工匠精神的核心是对工作的热爱，对细节的追求，对技艺的精进，这与提升社区服务水平的要求高度契合，特别是在物业服务、家政服务、教育服务等领域，服务质量直接关系到社区居民的生活品质和幸福感。因此，如何运用工匠精神，提高服务专业水平，提升居民满意度，是一项至关重要的任务。

在社区服务实践中，工匠精神强调对服务工作的专注和对技术的精通，这种追求完美的理念使得每一个服务环节都需要投入极大的精力，以求达到最佳效果。服务人员需要深入了解服务工作的本质，对每一个细节把握精准，对每一项工作认真负责。在处理社区问题时，服务人员需要深入了解问题的本质，选择精准的解决方案。在提供个性化服务时，服务人员需要理解和尊重居民的需求，细致入微地提供服务。通过这样的方式，服务质量可以得到保证，社区环境也能得到改善。工匠精神融入社区服务之中还有助于提升社区居民的满意度。社区服务人员对服务的热情和专注，以及对质量的严谨把控，都能让居民感受到社区服务的专业和用心。在面对居民反馈和建议时，服务人员需要有对待工作认真和热爱的工匠精神，让居民感受到社区服务的专业和热情，提升居民对社区服务的认同感和满意度。这样的满意度提升不仅有助于增强社区居民的凝聚力，也有助于提升社区居民的生活品质。

三、推动社区文化建设

首先，社区作为城市的基本单位，其内涵不仅包括物质设施和环境，更重要的是社区文化的构建和传承。工匠精神以其对技艺的尊重、对质量的追求和对工作的热爱，自然成为社区文化建设的重要载体。例如，社区可以通过组织手工艺活动，让社区居民亲身参与，体验工匠精神的魅力，同时借此机会传承和发扬本土文化，让传统工艺有机融入现代社区生活，成为丰富社区文化的重要手段。

其次，工匠精神在促进社区文化建设方面还体现在如何将其与社区发展的实际情况结合起来，在立足实践的基础上，实现社区文化的创新和发展。

例如，社区居民在参与手工艺活动时，不仅可以领略到工匠精神的深刻内涵，也可以通过动手实践，以全新的视角和思考方式解决问题，推动社区文化的创新。与此同时，以工匠精神为核心的文化活动也可以进一步增强社区居民的凝聚力和归属感，为社区的和谐稳定发展提供良好的精神支撑。在这个过程中，工匠精神也依托社区这一重要载体实现了广泛传播与弘扬。

参考文献

[1] 亓妍. 工匠精神 [M]. 延吉：延边大学出版社，2022.

[2] 姜正国. 劳动教育与工匠精神教程 [M]. 北京：北京理工大学出版社，2021.

[3] 梁丽华，郑芝玲，赵效萍. 新时代技术技能人才工匠精神培育研究 [M]. 杭州：浙江大学出版社，2021.

[4] 刘汝伟. 新时代职业院校工匠精神培育与传承 [M]. 北京：北京工业大学出版社，2018.

[5] 曾颢. 师带徒：工匠精神的内涵与培育 [M]. 北京：知识产权出版社，2020.

[6] 张美青. 职业教育与工匠精神的培育 [M]. 北京：九州出版社，2019.

[7] 王雪亘. 工匠精神培育与高技能人才成长 [M]. 杭州：浙江科学技术出版社，2018.

[8] 李娅琦. 工匠精神引领下的高职专业建设研究 [M]. 长春：吉林出版集团股份有限公司，2021.

[9] 崔学良，何仁平. 工匠精神：员工核心价值的锻造与升华 [M]. 北京：中华工商联合出版社，2016.

[10] 唐崇健. 匠心管理：如何铸造工匠精神 [M]. 北京：机械工业出版社，2017.

[11] 徐彦秋. 当代大学生工匠精神培育研究 [M]. 南京：东南大学出版社，2023.

[12] 伍丽娜，夏君. 工匠精神 [M]. 天津：天津大学出版社，2022.

[13] 南旭光，张培，廖权昌. 工匠精神 [M]. 北京：科学出版社，2022.

[14] 李强. 产学研一体化区域创新体系研究 [M]. 北京：华龄出版社，2018.

[15] 朱厚望，刘阳，杨虹. 职业教育系统培育工匠精神研究 [M]. 北京：电子工业出版社，2020.

[16] 王稼伟.培育工匠精神[M].南京：江苏凤凰教育出版社，2019.

[17] 张健.黄炎培职业教育思想下高职学生工匠精神培育研究[J].教育与职业，2023（7）：102-106.

[18] 王志强.工匠精神融入高职院校思政教育的逻辑、方式与实现机制[J].职教论坛，2022，38（8）：123-128.

[19] 伏志强，邹宏秋.基于"工匠精神"的高职思政课教学逻辑与实践创新[J].中国职业技术教育，2022（11）：82-86.

[20] 程兆宇.工匠精神与高职院校技能型人才培养的融合研究[J].教育理论与实践，2022，42（9）：22-26.

[21] 曾亚纯，李美娜.工匠精神视域下高职院校毕业生职业适应性培养探索[J].教育与职业，2022（6）：80-83.

[22] 杨英.人的全面发展视域下高职学生工匠精神培育研究[J].教育与职业，2022（5）：107-112.

[23] 孙凯宁，孙勇.高职院校思政教育培养学生工匠精神的路径探析[J].教育与职业，2021（24）：89-92.

[24] 刘燕.劳模精神、劳动精神、工匠精神融入高职院校思政课教学的思考[J].思想理论教育导刊，2021（11）：109-112.

[25] 卞波，刘绍鹏."工匠精神"的培育：高职院校教育的理念与路径[J].中国高校科技，2021（9）：76-80.

[26] 毕晶晶.高职院校工匠精神的培育探讨[J].学校党建与思想教育，2021（17）：83-85.

[27] 冯宝晶.高职院校加强工匠精神培育的必要性与主要路径[J].教育与职业，2021（14）：108-111.

[28] 张玉华.高职院校思政课开展工匠精神教育的必要性、着力点与实施路径[J].思想理论教育导刊，2021（5）：109-113.

[29] 谢存旭.产教融合视域下高职学生工匠精神培育[J].中学政治教学参考，2021（3）：104.

[30] 杜晓光.工匠精神视角下高职"双师型"教师队伍建设[J].教育与职业，2020（22）：109-112.

[31] 朱祎，朱燕菲，邵然.高职生工匠精神要素及其结构模型[J].高等工程教育研究，

2020（3）：132-137，200.

[32] 李根芹．论工匠精神培养与高职思政教育的有效融合 [J]. 中学政治教学参考，2020（16）：85.

[33] 梁继华，顾建中．高职学生工匠精神培育的时代价值 [J]. 中学政治教学参考，2020（15）：102.

[34] 赵攀，林春逸．试论工匠精神在高职院校育人实践中的价值引领 [J]. 职教论坛，2019（11）：144-148.

[35] 张秋霞，刘朋．基于工匠精神的高职院校应用型人才培养 [J]. 教育与职业，2019（22）：45-47.

[36] 张俊．新时代高职学生工匠精神培育的目标维度和实现路径 [J]. 教育与职业，2019（21）：61-65.

[37] 刘晶，吴国毅．基于工匠精神的高职学生职业素质培养 [J]. 教育与职业，2019（20）：103-108.

[38] 石芬芳，刘晶璟．现代工匠精神内涵及高职院校工匠型人才培养的路径选择 [J]. 中国职业技术教育，2019（28）：59-63.

[39] 顾卉．高职院校"工匠精神"培育的困境与路径 [J]. 教育与职业，2019（17）：36-40.

[40] 邓佳．新时代大学生工匠精神培育研究 [D]. 西安：西安科技大学，2021.

[41] 倪智鹃．新时代大学生工匠精神培育研究 [D]. 南昌：南昌大学，2021.

[42] 路晓芳．大学生工匠精神及培养研究 [D]. 沈阳：辽宁大学，2021.

[43] 陈梦云．工匠精神的时代价值及培育路径研究 [D]. 武汉：武汉理工大学，2020.

[44] 刘特．新时代大学生工匠精神研究 [D]. 大连：辽宁师范大学，2022.

[45] 朱鸿源．工科大学生工匠精神培育研究 [D]. 北京：北京建筑大学，2022.

[46] 刘帅岑．大学生工匠精神培育研究 [D]. 北京：北京化工大学，2022.

[47] 曹国妮．新时代大学生劳动精神培育研究 [D]. 南昌：南昌大学，2022.

[48] 槐艳鑫．新时代中国工匠精神研究 [D]. 杭州：杭州师范大学，2021.

[49] 殷凯伦．中国传统工匠精神的现代转换 [D]. 贵阳：贵州大学，2021.

[50] 黄宁馨．工匠精神融入新时代高校思想政治教育研究 [D]. 哈尔滨：哈尔滨商业大学，2022.

[51] 王秘蜜．当代中国工匠精神的培育路径研究 [D]. 兰州：西北师范大学，2022.

[52] 周天娇 . 新时代高职院校大学生工匠精神培育研究 [D]. 昆明：云南师范大学，2021.